高新纺织材料研究与应用丛书

鸭毛绒及其高值化利用研究

刘新华　著

中国纺织出版社有限公司

内 容 提 要

本书是关于肉鸭鸭毛绒高值化利用的一本专著。书中从肉鸭鸭毛绒结构和改性原理入手,讨论了鸭毛绒结构与性能的相关科学问题。对比研究了不同生长周期鸭毛绒的结构与性能,着重论述了鸭毛绒表面调控技术、鸭毛绒提取物的共混改性技术,以及利用这些技术制备环境修复材料、生物基抗菌材料、固定化酶等高附加值功能材料,可使读者全面了解鸭毛绒高值化利用的最新进展。

本书对从事生物基功能纤维材料制备和应用研究的科技工作者有重要的参考价值。

图书在版编目(CIP)数据

鸭毛绒及其高值化利用研究 / 刘新华著. -- 北京:
中国纺织出版社有限公司,2021.10
(高新纺织材料研究与应用丛书)
ISBN 978-7-5180-8828-7

Ⅰ.①鸭… Ⅱ.①刘… Ⅲ.①羽绒－研究 Ⅳ.
①TS959.16

中国版本图书馆 CIP 数据核字(2021)第 175866 号

责任编辑:沈 靖   责任校对:王花妮   责任印制:何 建

中国纺织出版社有限公司出版发行
地址:北京市朝阳区百子湾东里A407号楼   邮政编码:100124
销售电话:010—67004422   传真:010—87155801
http://www.c-textilep.com
中国纺织出版社天猫旗舰店
官方微博http://weibo.com/2119887771
三河市宏盛印务有限公司印刷   各地新华书店经销
2021年10月第1版第1次印刷
开本:710×1000   1/16   印张:12.75
字数:211千字   定价:98.00元

前　言

　　羽毛绒是绿色天然蛋白质纤维材料，质轻、柔软、保暖性好，是纺织服装领域不可或缺的原材料，具有其他材料不可替代的优势。随着可持续发展和绿色环保的不断深化，羽绒、羽毛所具有的可再生、可降解、生物相容、无毒无害的优势日益凸显，使其已突破传统的应用，在环境修复、生物医药、生物制造、储能材料等领域展现出巨大的应用前景。为适应绿色功能材料发展的需要，很有必要对鸭毛绒及其高值化利用研究进行总结。

　　为此，本书在对比研究不同生长周期鸭毛绒结构、性能的基础上，基于纺织品后整理和蛋白质化学的原理，通过设计、优化肉鸭羽绒加工方法，开发适合不同羽绒表面结构的调控工艺，得到一批高值化肉鸭羽毛绒功能产品；基于废弃羽毛溶解的羽毛多肽，利用静电纺丝技术制备聚（丙烯酸甲酯-丙烯酸）/羽毛多肽［P（MA-co-AA）/FP］、聚（甲基丙烯酸缩水甘油酯-甲基丙烯酸酯）/羽毛多肽［P（GMA-co-MA）/FP］复合纳米纤维膜，并以此复合纳米纤维膜为载体，分别实现了辣根过氧化物酶和脂肪酶的固定化，初步实现了生物制造。具体开展了以下六方面的工作：

　　（1）不同生长周期鸭毛绒结构与性能研究。对老鸭和肉鸭羽毛的结构和性能进行测试，并且比较了老鸭羽毛绒和肉鸭羽毛绒在结构与性能上的异同点，为后续肉鸭羽毛绒的改性提供了参考依据。

　　（2）羽毛基环境修复材料的研究。通过在羽毛表面构建巯基-过硫酸钾聚合体系引发甲基丙烯酸缩水甘油酯（GMA）单体在羽毛表面的接枝聚合，制得含环氧基的羽毛接枝共聚物。利用含环氧基羽毛接枝共聚物中的环氧基与植酸发生开环反应，将植酸中的磷酸根基团引入共聚物表面，制备得到羽毛吸附材料。此外，探讨了影响羽毛吸附材料吸附量的主要因素，确定了最佳吸附工艺条件。

　　（3）采用电子转移活化再生催化剂原子转移自由基聚合（ARGET ATRP）

法改性羽毛。采用ARGET ATRP法在羽毛表面接枝丙烯酸丁酯（BA）、丙烯酸叔丁酯（tBA）、甲基丙烯酸二甲氨基乙酯（DMAEMA），制得feather-g-PBA、feather-g-PtBA、feather-g-PDMAEMA共聚物，并对接枝共聚物进行表征，研究了共聚物的合成可控动力学及分子量分布指数，并探讨了feather-g-PDMAEMA共聚物对金黄色葡萄球菌的抗菌性能。

（4）P（MA-co-AA）/FP复合纳米纤维膜固定过氧化物酶的研究。以P（MA-co-AA）/FP复合纳米纤维膜为辣根过氧化物酶（HRP）固定化载体，先用戊二醛与纳米纤维表面的氨基反应，再用EDC/NHS活化纤维表面的羧基，进一步与HRP分子中的氨基进行偶联，实现HRP的固定化。探究了HRP固定化的影响因素；研究了固定化酶的催化最适pH、最适温度、催化动力学过程的V_{max}和K_m值、热稳定性、储存稳定性和重复使用稳定性。

（5）P（GMA-co-MA）/FP复合纳米纤维膜固定脂肪酶的研究。利用聚合物表面的环氧基固定脂肪酶，对脂肪酶固定化参数进行优化。探讨固定化酶催化反应最适pH、最适温度以及测定反应动力学参数。探究固定化酶的热稳定性、重复使用稳定性以及耐有机溶剂性能。

（6）固定化脂肪酶在有机合成中的应用研究。根据脂肪酶催化机制，针对特定有机合成反应，对溶剂组成、反应温度、反应时间、固定化酶酶量参数进行选择和设计，探讨固定化脂肪酶在不同条件下的催化活性，优化反应体系，探究固定化酶对有机反应的催化效率。

安徽工程大学研究生储兆洋、杨旭、周磊、李永、李红章参与了实验及部分资料的收集、整理和绘图工作，安徽工程大学纺织服装学院方寅春、王翠娥等老师对本项研究工作给予了大力支持与帮助，在此一并表示衷心感谢！也感谢安徽省重大科技专项（16030701088）、安徽省重点研发计划立项项目（202104f06020005）对本著作出版的资助。

由于作者水平有限，书中难免存在疏漏与不妥之处，恳请广大读者不吝赐教，容后改进。

刘新华

2021年7月

目　录

第1章 绪论

羽绒、羽毛是天然纤维材料，质轻、柔软、保暖性好，具有其他材料不可替代的优势。我国在羽毛绒的生产与应用方面具有悠久的历史，从唐朝开始，人们就将羽毛作为保暖填充材料应用于日常生活中，到了现代羽毛绒更是向着工业化、产业化的方向发展。我国羽毛产业始于20世纪70年代，主要是产品的粗加工，以羽毛原料的出口为主；到了20世纪80年代以后，通过引进国外的新技术、新设备向着产品深加工方向发展，由单一的原料产品发展为多样的羽毛制品，走上了稳定的发展道路；随着可持续发展和绿色环保的不断深化，羽绒、羽毛所具有的可再生、可降解、生物相容、无毒无害的优势日益凸显，使其已突破传统的应用，在环境修复、生物医药、生物电子、智能传感等领域展现出巨大的应用前景。

1.1 羽毛绒的结构与性质

1.1.1 形态结构特征

羽毛是从毛囊中生长出的纤维化蛋白。羽毛结构蓬松，质地轻柔，富有弹性，具有保暖隔热、护体、防水、飞翔等性能[1]，羽毛的形态结构特征如图1-1所示。根据羽毛形态，羽毛主要由正羽、绒羽、纤羽组成[2]。正羽是指生长在禽类体表外的毛片，主要用于飞翔、保护身体。绒羽是指覆盖在正羽内部，组成禽类羽毛的内层，其顶部簇生细丝状绒枝，绒枝蓬松、柔软、纤细，可储存大量静止空气，因此形成良好的保温层。纤羽是指分布在正羽、绒羽之间，主要由一根细长的羽轴和生长在顶部的少量羽枝构成。由于纤羽的羽轴较硬，保暖、隔湿能力差，故其利用价值最小。

图1-1所示羽毛的表面与其他哺乳动物毛表面形态结构不同，没有明显的鳞片层结构，整个羽毛表面相对光滑，具有凹凸起伏的纹理和定向排列的羽枝。由于纤维之间的空隙较大，因此可以储存大量的静止空气。

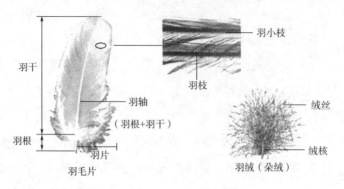

图 1-1 羽毛的形态结构特征[2]

羽毛的截面形貌如图1-2所示，其横截面呈椭圆皮芯结构，皮质层较为紧密且厚度不均，因此难以卷曲。该层最外面是一种生物细胞膜。该膜是由难溶于水的甾醇与三磷酸酯组成的双分子层膜，因此羽毛具有优良的防水性能。膜的内层为羽朊，在羽毛中起着支撑作用[3]。羽毛的内部含有空腔或空洞，正是这种结构，使羽毛具有质轻保暖的特点。

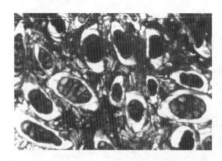

图 1-2 羽毛的截面形貌[4]

不同种类和不同生长周期的羽毛，其长度和直径也有所不同，这种不均一性使其强度不稳定，加工难度增大。与此同时，羽毛表面光滑，抱合力差，难以直接用于纺织织造。

1.1.2　基本结构

羽毛的主体成分是角蛋白，是结晶原纤包埋在无定形基体中形成的复合材料，具有四级结构[5]，角蛋白分子的四级结构如图1-3所示。

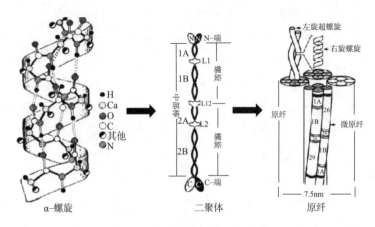

α-螺旋　　　　二聚体　　　　原纤

图1-3　角蛋白分子的四级结构

1.1.2.1　羽毛的近程结构

羊毛和羽毛的氨基酸组成见表1-1[7]。从表1-1中可以看出：

（1）羽毛蛋白质的氨基酸组成中，天冬氨酸、谷氨酸和二氨基氨基酸含量较高，因此，羽毛具有较强的吸湿性。

（2）羽毛半胱氨酸残基的含量为7.8%，在羽毛蛋白的肽链之间和同一肽链内部，除氢键之外，还有较多数量的盐式键和二硫键。半胱氨酸残基可以通过二硫键在分子链内和链间交联，形成三维网状结构，赋予其良好的力学性能和稳定性。

（3）羽毛中丙氨酸、脯氨酸和丝氨酸等含量高于羊毛，因而，羽毛疏水性优于羊毛。

（4）羽毛与羊毛角蛋白类似，营养价值不均衡，组氨酸、蛋氨酸和赖氨酸等必需氨基酸含量都低，用于动物饲料的营养价值不高。

表 1-1　羊毛（α- 角蛋白）和羽毛（β- 角蛋白）的氨基酸组成
（100 个残基中的残基数）

氨基酸组成	羊毛 /%（摩尔分数）	羽毛 /%（摩尔分数）
丙氨酸	5.5	8.7
精氨酸	6.6	3.8
天冬氨酸 [a]	6.5	5.6
半胱氨酸 [b]	11.4	7.8
谷氨酸 [c]	11.3	6.9
甘氨酸	8.8	13.7
组氨酸	0.8	0.2
异亮氨酸	3.4	3.2
亮氨酸	7.8	8.3
赖氨酸	3.0	0.6
蛋氨酸	0.5	0.1
苯丙氨酸	2.5	3.1
脯氨酸	6.0	9.8
丝氨酸	9.6	14.1
苏氨酸	6.1	4.1
酪氨酸	4.1	1.4
缬氨酸	5.9	7.8
色氨酸	0.2	0.7

注　a 指包括天冬酰胺；b 指角蛋白原料中半胱氨酸加胱氨酸的含量；c 指包括谷氨酰胺。

　　氨基酸序列及含量与角蛋白的来源相关，在羽毛不同组织中，角蛋白分子中的氨基酸序列和含量有较大的差异。角蛋白分子中氨基酸重复单元序列如图1-4所示。图1-4中A代表C—C—X—P—X，B代表C—C—X—ST—ST，C代表半胱氨酸（Cys），P代表脯氨酸（Pro），S代表丝氨酸（Ser），T代表苏氨酸（Thr），X代表除这几种之外的构成蛋白质的任何一种氨基酸。

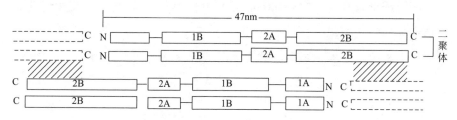

图1-4　角蛋白分子中氨基酸重复单元模拟图

1.1.2.2　羽毛的远程结构

羽毛蛋白质大分子是由大量的α-氨基酸以一定顺序首尾连接而形成的多肽，具有非常复杂的分子链构象。羽毛角蛋白的构象主要是β-折叠（图1-5）。羽毛角蛋白分子通过二硫键、氢键和其他交联作用后形成稳定的结构。β-角蛋白侧链富含甘氨酸、丝氨酸和丙氨酸残基，其二级结构呈β-片层结构。由于β-折叠片呈以平行方式堆积的多层结构，因而其抗张性能高。由于β-折叠接近完全伸展状态，因此，其延伸性小。

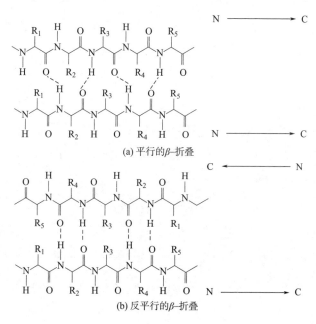

图1-5　角蛋白β-折叠中氢键的排列（----- 代表氢键）

1.1.2.3　羽毛的层级结构

羽毛纤维是直径为50～400nm的巨原纤丝束；巨原纤进一步由包埋在基体中的β-角蛋白丝（～3nm）组成，β-角蛋白丝由分子尺度的β-折叠片组成，β-折叠片由β-角蛋白链的中间区域折叠形成。

1.1.3　理化性能

羽毛的主要成分为角蛋白，因此拥有蛋白质的基本理化性质。二硫交联键使其化学稳定性良好[8]。羽毛具有较强的耐酸能力，在浓度小于150mL/L的H_2SO_4溶液中，羽毛的物理性能基本不受影响。羽毛对碱较为敏感，碱不仅会对二硫键产生破坏还会拆散盐式键，从而导致羽毛多肽链水解。一般羽毛在pH为9的NaOH溶液中其物理性能就会降低。羽毛对氧化剂也十分敏感，浓度较高的H_2O_2、$KMnO_4$、$K_2Cr_2O_7$等会破坏羽毛中的蛋白质使羽毛发黄变质。还原剂对羽毛的作用与其作用条件有关，在高温、碱性条件下有利于还原剂的还原作用。

角蛋白材料的理化性能良好，主要有以下两个原因。

（1）拥有多肽链和原纤—基体结构；角质化细胞组织为片状、管状、纤维状或层状结构及通过多孔芯、夹层或丝线结构形成结实的、致密的、具有保护作用的组织[5]。以上结构中最重要的是纳米尺度上的原纤—基体结构。

（2）原纤与基体之间、基体与基体之间通过大量二硫共价键连接起来。大量的二硫交联键，使得角蛋白材料在自然环境中具有优异的耐久性、强韧性和化学惰性[9]。

1.1.4　羽毛绒的结构与性质

羽毛绒是指生长在鸭、鹅、野鸭、天鹅等的正羽基部、羽枝柔软、羽小枝细长、不成瓣状的绒毛。从颜色上看，羽毛绒可分为白色和灰色两大类。根据生长状况和外形特征，羽绒可分为朵绒、未成熟绒、毛型绒、部分绒和单根绒枝，其中朵绒数量占羽绒总数量的60%以上。占羽毛绒主体成分的朵绒，每一绒朵里包含着十几根以至几十根内部结构基本相同的纤维，具有独特的枝杈结构[10]，羽毛绒的典型结构如图1-6所示。

羽毛绒包括绒核、绒枝、绒小枝三部分。绒核呈树根状。绒枝长在绒核上面，以绒核为中心，绒枝之间保持不同的方向排列，是朵绒的主体部分。在绒枝上分布着大量绒小枝。

在绒小枝上分布着大小不同的丫形和三角形的赘合物。丫形的称为隆节，三角形的称为菱节。两节之间具有一定的节距。菱节生长在绒核周围绒丝的绒小枝上。绒枝上大量的绒小枝及绒小枝上三角形和丫形的节点，使纤维不至于全部贴在一起，从而使羽绒及其集合体具有优良的蓬松性和回弹性。根据菱节分布状态、菱节大小和形状、菱节间距，可以鉴定羽绒的种类。羽毛绒种类鉴定方法见表1-2。

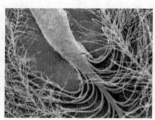

(a) 朵绒与伞形绒   (b) 绒核与绒枝   (c) 绒小枝

图 1-6 羽毛绒的典型结构

表 1-2 羽毛绒种类鉴定方法

毛（绒）种类	特征		
	菱节分布状态	菱节大小和形状	菱节间距
鸭毛（绒）	绒子和羽毛根部的羽枝远端	三角形菱节，与鹅毛（绒）的菱节相比较大	菱节间距较小，约与菱节的大小相等
鹅毛（绒）	从羽枝的中部开始出现	菱节较小	菱节间距较大，数倍于菱节的大小
鸡毛	小结节或膨胀凸起，分布于几乎整根羽枝，均匀分布，呈竹节状	—	—

毛（绒）种类	特征		
	菱节分布状态	菱节大小和形状	菱节间距
鸽子毛	羽枝上均匀分布一系列菱节，菱节分布于几乎整根羽枝	—	菱节间距较大，数倍于菱节的大小
无法区分的毛（绒）	无明显菱节，无法区分其属于鹅毛（绒）、鸭毛（绒）还是其他毛（绒）		

注 —表示该标准没有对此项进行描述。

　　羽毛绒横截面结构如图1-7所示。羽毛绒横截面呈现出椭圆皮芯结构。最表面是一层细胞膜，由难溶于水甾醇和三磷酸酯的双分子层膜构成，占羽毛绒质量的10%。因此，羽毛绒表现出优异的防水性能。细胞膜的里层是羽朊，由约19种氨基酸缩合而成。氨基酸缩合的多肽链，构成羽朊的初级结构；在同一个多肽链中，半胱氨酸之间的—S—S键、酮基和氨基之间的氢键，使多肽链呈现为右螺旋形构象，形成了羽朊的二级结构；羽朊大分子之间，可以产生盐式键横向连接、酰胺键横向连接、酯键横向连接、二硫键横向连接、氢键横向连接等，使它们按一定形状排列起来。几个多肽扭成一股，几股多肽又扭在一起，形成多层次的绳索状结构。

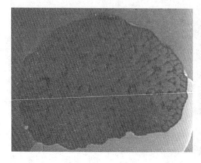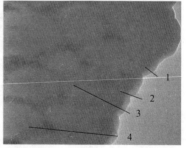

图1-7 羽毛绒横截面
1—表皮膜　2—角质层　3—皮肤层　4—皮层

　　从羽毛绒的结构可以看出，羽毛绒最表面是由难溶于水甾醇和三磷酸酯的双分子层膜构成，难以吸收水分，导热系数低；羽毛绒的形态结构，决定其具有良好的回弹性，从而保证纤维与纤维之间保持一定的距离。羽毛绒是以绒朵形式存在，每一绒朵里包含着十几根乃至几十根相同的纤维，纤维之间会产生一定的斥力，使其距离保持最大，从而使羽毛绒具有很高的蓬松性，纤维间静止空气保有量增加。正是由于羽毛绒纤维具有优良的蓬松性、压缩性和压缩回复性，使得纤维与纤维之间有着数不清的孔隙和空洞，保持着大量的导热系数低的静止空气，由此可阻止热量扩散，因此，羽毛绒及其集合体具有优异的保暖性能。

1.2 提取角蛋白方法的进展

羽毛绒中角蛋白分子内或分子间二硫键、氢键、疏水作用，使得羽毛绒拥有良好的性能，但也为其溶解提取角蛋白以及实现其高值化利用增加了难度。羽毛绒要实现角蛋白溶解提取，必须断裂二硫键间的交联。要制得分子量较高、溶解性较好的角蛋白，只能通过选择性地打开二硫键、破坏氢键，进而破坏角蛋白分子的交联网状结构来实现[11]。

蒸汽闪爆法[12]、微波辐射法[13]、酸碱水解法[14]、还原法[15]、氧化法[16]、生物法[17]、离子液体法等方式都可以使二硫键（—S—S—）断裂，但是只有还原法在断裂二硫键的同时，对角蛋白主链—CONH—结构损伤程度小；并且还原时断裂的二硫键可以重建，使得再生角蛋白材料具有一定的交联度和结晶度，从而提高了再生角蛋白产品的力学性能、耐水稳定性等性能。

1.2.1 机械法

机械法主要是通过加热、加压等方法，破坏羽毛绒角蛋白分子间的二硫键、氢键和盐式键等化学键，使其变成可溶性蛋白。机械法主要包括高温高压水解法、蒸汽闪爆法、微波辐射法、挤压法、挤出法和高压膨化法。

高温高压水解法，产物呈凝胶状，经减压处理可获得蛋白粉。挤压法是在强剪切力作用下破坏二硫键，二硫键降解幅度达到50%～60%。挤出法是在高温高压条件下，通过挤出加热熔化获得蓬松状产物。高压膨化法是目前较好的提取角蛋白的方法，在0.29～0.59MPa，100～180℃，反应时间为30s左右条件下，产物呈疏松卷状，经加压处理后就可获得消化率在80%左右的角蛋白粉。蒸汽闪爆法是一种物理化学联合使用的方法，是将羽毛绒角蛋白放在高温高压容器内进行蒸煮，在保压一段时间后，瞬间泄压，将热能转换成机械能，强大的冲击力作用于角蛋白，使其氢键断裂，结构重排。赵伟等[18-19]采用蒸汽闪爆工艺处理羽毛，工艺环保，所得产物的胃蛋白酶消化率提高到85%。

机械法不添加任何化学物质，是绿色产品，保留了天然角蛋白的特征。但是，机械法成本高、效率低；所提取的角蛋白是低分子量、可溶性的角蛋白多肽混合物，质量不稳定；生产条件苛刻，生产过程存在安全隐患；废液污染环境等。

1.2.2 化学法

化学法是利用酸、碱、氧化剂、还原剂断开角蛋白分子中的二硫键、氢键等化学键，将其变为可溶性蛋白的过程。

1.2.2.1 酸碱水解法

酸碱水解法主要使用酸碱溶液，预处理羽毛，使其溶胀，然后在一定温度下水解，从而制备可溶性蛋白。酸碱水解过程中通常配合使用还原剂，可提高溶解效率。在此水解过程中，随着水解时间的增加，酸碱更多地破坏肽键，因而得到低分子量的蛋白质产物。

酸碱水解法使角蛋白分子中的氨基酸结构受到不同程度的破坏[20-21]，所得到的低分子量角蛋白肽盐分含量高，易受潮，不易储存。

1.2.2.2 氧化法

氧化法主要利用氧化剂的强氧化作用，将二硫键氧化成磺酸基（—SO_3H），并生成水溶性基团，氧化法提取角蛋白反应如图1-8所示。

常用的氧化剂为过甲酸、过乙酸、过氧化氢等过氧化物。

　　羽毛绒经氧化剂作用，得到分子量较高的角蛋白溶液，可以用于织物表面或皮革内部处理。但由于氧化剂会严重破坏主链结构，使得织物表面涂层和皮革填充的耐久性一般。

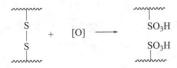

图1-8　氧化法提取角蛋白（〜〜〜代表肽链）

1.2.2.3　还原法

　　还原法利用硫醇、亚硫酸盐、硫化钠、三羧乙基膦等还原剂，将二硫键还原成巯基，得到大分子量的角蛋白。

　　（1）硫醇类还原剂。在巯基乙酸和巯基乙醇等还原剂作用下断开羽毛绒的二硫键，得到可溶性角蛋白。羽毛绒角蛋白还原反应和氧化反应原理如图1-9所示。

$$K-CH_2-S-S-CH_2-K+RSH \longrightarrow K-CH_2-S-S-R+K-CH_2-SH \quad （1）$$

（角蛋白）　　　　（还原剂）

$$K-CH_2-S-S-R+RSH \longrightarrow R-S-S-R+K-CH_2-SH \quad （2）$$

$$K-CH_2-SH+K-CH_2-SH \xrightarrow{氧化} K-CH_2-S-S-CH_2-K \quad （3）$$

图1-9　角蛋白还原反应（1）和（2）和氧化反应（3）原理图

　　还原法提取羽毛绒角蛋白，常常添加尿素和十二烷基硫酸钠（SDS）。高浓度尿素（8M）的作用是拆散角蛋白分子间氢键，减弱多肽链间的疏水作用，进而提高角蛋白提取率。十二烷基硫酸钠的作用有两个，一是减小角蛋白分子的表面张力，避免角蛋白分子聚集，增大角蛋白分子的溶解度；二是在提取液中形成胶束，避免还原生成的自由巯基被氧化[22]。两种助剂的协同作用是提高羽毛绒角蛋白溶解速率、溶解率和反应位点。

　　硫醇类还原剂获得的再生角蛋白分子量高、产率高；还原得到的自由巯基（—HS）在空气中可被氧化，在分子内或分子间重新构建二硫交联键，使再生角蛋白产品具有良好的力学性能和化学性能[23-24]。

但是常用的硫醇类还原剂，价格高昂，有一定毒性，对人体和环境不够友好[25]。

（2）无机盐还原剂。常用的无机还原剂是亚硫酸盐和硫化钠。亚硫酸分解法的成本低、毒性小、环境影响小。但是亚硫酸盐对溶液的pH敏感；二硫键交联位点较少。

硫化钠法与硫醇还原法相比较，提取角蛋白时不需要添加尿素[26]；相比于酸碱水解法，硫化钠法具有二硫键自交联能力。但硫化钠是有毒化学品，对环境和人体有伤害。

（3）三羧乙基膦（TCEP）还原剂。TCEP还原二硫键，是由中心原子"P"所带的孤对电子与氧原子形成配位共价结合[27]而导致的。TCEP对二硫键的还原是一个定量反应的过程。TCEP中发挥还原作用的主要成分是$HP+（CH_2·CH_2·COOH）_2·CH_2·CH_2·COO-$，TCEP在此酸性条件下，仍然能够还原二硫键。当pH在2～3时，TCEP被质子化，还原速率急剧下降。TCEP适用范围广、对溶解氧的敏感性低，但是高昂的价格不利于其大规模工业化应用。

1.2.3　生物法

生物法是通过角蛋白酶或微生物降解角蛋白，将角蛋白转化为可溶性蛋白。生物降解分为变性、水解和转氨基作用三个阶段。符人源等[28]选用复合酶降解羽毛，实验表明其降解率可达90.87%。聂庆霁[29]利用地衣芽孢杆菌，通过研究含硫化合物的变化规律，高效降解了角蛋白。

生物法条件温和，能耗少，对环境友好。但是角蛋白酶具有专一性，虽能提高溶解度，但反应时间过长，酶解的程度难以精准控制，产物分子量低，大多为多肽[30]。生物法目前已用于将羽毛绒角蛋白材料转化为动物饲料添加剂。由于组氨酸、赖氨酸和蛋氨酸等必需氨基酸含量较低，角蛋白动物饲料添加剂的营养不均衡。

1.2.4 其他方法

离子液体提取法、低共熔体系提取法也用于提取结构完整、大分子量角蛋白。

1.2.4.1 离子液体提取法

离子液体提取法主要是通过破坏分子间氢键而实现的[31]。离子液体提取法效率偏低，离子液体中的咪唑、吡啶等毒性极强[32]，易造成环境污染，由于角蛋白中含有大量二硫交联键，难以通过离子液体提取法得到线性的角蛋白大分子。因此，经离子液体提取法制备的再生角蛋白材料的性质差。

1.2.4.2 低共熔体系提取法

低共熔体系通常由胆碱盐和配位剂（如金属盐、金属盐水合物或氢键供体等）优化配位而成，其理化性质与低温熔融盐相似，因此，又被称为"类离子液体"。低共熔体系提取法与离子液体提取法相比，具有原料来源广泛、价格低、毒性小、容易制备等优点，是一种很有发展前景的清洁角蛋白提取方法。

1.3 羽毛绒的高值化利用

目前，家禽产业发展迅速，羽毛绒产量随之增大。羽毛绒的深加工，通常采用两条技术路线，一是以羽毛绒为原料，通过表面结构调控或复合，制备保暖填充材料、羽毛绒吸附材料、吸声材料；二是将废弃的羽毛绒溶解成角蛋白，并根据羽毛绒角蛋白的分子量，合理开发高附加值产品。低分子量（小于5kDa）的角蛋白消化率高，可以用作动物饲料的添加剂；高分子量（5～30kDa）的角蛋白可以利用自身的功能性，用于亲水整理、防紫外线整理、防毡缩整理等织物涂层整理的助剂以及皮革填充剂等；超高分子量（保留大量可形成二硫键交联的半胱氨酸残基）的角蛋白，通过恢复天然角蛋白材料的原纤—基体结构，则可以用于制备再生纤维、生物塑料薄膜、多孔材料和组织工程支架等再生材料。因此，利用废弃角蛋白开发再生材料，不仅可以提供绿色、安全、可持续的低碳产品，而且可以实现羽毛绒的高值化利用。

1.3.1 保暖填充材料

羽毛绒是绿色蛋白质材料，具有优异的蓬松性、防水性、抗皱性以及优良的服用性能，成为纺织服装领域不可或缺的原材料。羽毛绒独特的树权结构以及压缩回复性能，使其具有柔软蓬松性能，可储存大量的空气，因此其保暖效果是天然纤维中最好的。羽绒经洗涤、干燥、分级、拼堆等工艺处理后，适用于制作羽绒服、高档被褥等。

戴有刚、徐广标等[33]的研究，证实了羽绒集合体具有优异的热阻性能是因为其所含静止空气的缘故。当羽绒集合体单位质量体积低于原来体积一半时，热阻降幅迅速增大，但当含绒率达到75%以上时，集合体的保暖性有所下降。

金阳、金叶飞、李薇雅[34]在对提高鸭绒润湿性和蓬松度进行了一系列试验的基础上，对如何提高蓬松度进行了探讨。实验表明，通过一定的氧化剂和表面活性剂的共同作用能一定程度上提高鸭绒蓬松度，并结合实验数据，得出了鸭绒蓬松度提高的优化条件：鸭绒与水的浴比为1∶40，所用氧化剂与阳离子表面活性剂用量比为1∶1，且浓度均为6%，在30℃下作用40min可使鸭绒蓬松度达到最高。

王学川、高文娇、刘叶等[35]根据鸭绒的特性，通过氧化法和交联法提高了鸭绒的蓬松度。选用次氯酸钠作为氧化剂和醛类交联剂WS对鸭绒进行蓬松处理，并检测鸭绒蓬松度变化情况。采用单因素优化出最佳应用条件为：次氯酸钠用量为1.2g/L，在50℃氧化处理60min后，进行交联处理，交联剂WS用量为1.5g/L，前期预交联pH为4.5，交联处理终点pH为6.5，交联温度为50℃、时间为40min，此时鸭绒的蓬松度显著提高。

张秀萍和齐鲁[36]通过接枝金属锆离子来提高鸭绒的保暖性，采用红外分析、电感耦合等离子体（ICP）测定、蓬松度、保暖率分析以及电镜观察对其接枝效果、保暖性能及其表面形貌变化进行探究。结果表明，经过单宁酸改性的鸭绒纤维能明显增加对锆离子的吸附量，经过接枝金属锆离子，鸭绒纤维的保暖率提高5%左右，蓬松度也有所提升。另外，通过对改性前后扫描电镜图片的比较发现，改性前后鸭绒纤维的表面形态并未有明显变化，只在色泽上有略微变化。

黄翠蓉、于伟东、许海叶[37]对鸭绒保暖材料的结构、性能和发展状况进行论述。从面料、鸭绒填充物、服装结构和洗涤保养方法等几个方面阐述影响鸭绒服保暖性的因素；讨论纤维类型及是否进行涂层后整理对鸭绒服保暖性的影响；论述了服装结构类型与静止空气量之间的关系，及对鸭绒服保暖性的影响；详细探讨鸭绒填充物对鸭绒服保暖性的影响；并对填充物的填充量与鸭绒服保暖性之间的关系进行实验验证。

应丽丽等[38]采用植酸对羽绒进行预处理后，将其浸渍于硫酸锆溶液中，经螯合吸附制得锆离子修饰功能羽绒，其保温性能获得提升，相对于羽绒原样，修饰羽绒的克罗值和保暖率分别提升30%和8.1%。

Chen等[39]将羽毛与人造纤维混合搅动制成具有保暖功效的填充料。所用人造纤维的规格在0.079~0.101tex（0.71~0.91旦）之间，长度在22~26mm之间。Kawada等[40]提供了一种新颖的含短纤维羽毛填充物的制备方法。具体步骤为：①将羽毛放置于含有洗涤剂的溶液中搅拌、漂洗、脱水；②将短纤维置于含有表面活性剂的软化液中搅拌软化处理；③将洗涤后的羽毛纤维分散在软化浴中搅拌，与短纤维进行缠绕；④将缠绕后的复合产物脱水干燥热定型得到最终填充保暖产品。

陕西科技大学强涛涛[41]课题组从羽绒清洗脱脂、交联改性、降低粉尘等核心环节入手，探索出了一整套可应用于实际生产的改善羽绒品质的加工技术。结合机械挤压的方法，研究了羽绒的洗涤及其工艺，开发了一种物理化学方法相结合的改善羽绒洗涤脱脂的工业化工艺技术；采用物理和化学方法对羽绒纤维进行物理改性，来提高羽绒纤维的蓬松度。物理蓬松处理后羽绒纤维蛋白质结构更加规整，角蛋白α-螺旋构型增加，羽绒弹性增强。物理吸附处理后，氨基聚硅氧烷织物蓬松整理剂会吸附在羽绒纤维表面，减少羽绒表面的摩擦，使处理后的羽绒纤维柔软、有弹性，从而提高羽绒纤维的膨松度；化学处理是基于鞣制化学和蛋白质化学的原理，将清洁、高效、廉价的铝鞣剂、锆鞣剂和谷氨酰胺转氨酶（TGase）等作为羽绒纤维的膨松剂，与羽绒的氨基、羧基等活泼基团发生交联反应，提高羽绒纤维间的结合力，在宏观上表现为羽绒的弹性增强、蓬松度提高。

该整套技术已成功应用于东隆家纺股份有限公司，并有一定生产规模。所生产的产品经中国纺织工业联合会检测中心检测，未处理的羽绒纤维蓬松度为18.2cm，2%锆鞣剂处理的羽绒纤维蓬松度为21.7cm，提高了19.23%。2015—2019年在东隆家纺股份有限公司新增销售额30380万元，新增利润6076万元，节支总额5836万元，新增直接就业人员40余人，该技术对羽绒加工行业技术进步和产品结构优化有着重大的推动作用。

1.3.2　吸附材料

在当代，工农业发展迅猛的同时也产生了各种污染有毒物质，重金属离子便是其中之一。目前，去除重金属离子的方法有沉淀法、过滤法、吸附法等，其中吸附法具有去除效率高、操作简单、可回收等优点。由于羽毛绒不溶于水、密度低、比表面积高、表面含有大量活性基团以及可降解的特点，羽毛绒成为吸附剂的理想材料。

迄今为止，羽毛绒作为吸附剂已有相关研究报道。Mittal[42]利用鸡羽毛去除废水中的孔雀石绿、酰胺黑10B和亮蓝FCF等有害染料。Banat等[43]利用鸡毛、人发和动物角质作为生物吸附剂，比较三者对废水中铜离子和锌离子的吸附能力，结果表明，三种生物吸附剂都能从水溶液中吸附铜离子和锌离子，吸附量最大的是动物角质。Suyama等[44]发现鸡毛对水溶液中的贵金属离子具有选择性吸附性能，且在一定条件下，鸡毛对Au（Ⅲ）、Pt（Ⅱ）和Pd（Ⅱ）的螯合累积量分别为17%、13%和7%，当溶液pH为2时，鸡毛对金（Ⅲ）氰化钾的螯合累积量可达5.5%。同时，Banat等[45]也证实了鸡毛作为生物吸附剂对废水中铜离子和锌离子具有吸附能力。

1.3.3 吸声材料

羽毛绒独特的中空蓬松结构，使其有作为吸声材料的可能。

Yang等[46-47]利用高密度聚乙烯为基体材料，鸡羽毛为增强材料，重点研究材料的力学性能并简单测试了其吸声系数，为开发鸡羽毛吸声复合材料提供了新的思路。

Kusno等[48]通过集总平均法（EA法），对比了普通吸声材料玻璃棉与鸡毛的吸声特性，探讨鸡毛作为声学材料替代品的可能性。

杨树等[49]对腈纶、羽绒散纤维集合体和非织造布的结构特征与其吸声性能之间的关系进行了研究。研究均证实了羽毛绒作为吸声材料的潜力。

为探究羽毛绒可作为吸声材料的根本原因，吕丽华等[50]研究分析了羽毛结构与吸声性能的关系，认为当声能作用于纤维分子时，羽毛绒纤维分子间因分子链排列相对疏松，孔隙率高，分子链易运动而消耗声波；且分子链上的无数个肽平面内旋困难（存在肽键刚性平面），要不断克服外界阻力做功，从而将声能转化为机械能消耗掉。

梁李斯等[51]研究认为，羽毛羽轴的泡状空腔结构赋予羽毛轻质及良好的吸声性能。当声波作用于废弃羽毛纤维时，声波会引起空腔内空气柱振动，导致空气与腔壁摩擦，将声能转化为热能而消耗掉。

向海帆等[52]则认为，羽毛本身表面粗糙度较高，表面存在一定间隔的骨节，使声波与纤维的接触面积增大，从而增加了声能的耗散。因此，羽毛表面粗糙、羽毛羽轴具有泡状空腔结构、分子链排列疏松、分子中肽键刚性大是羽毛绒能作为吸声材料的主要原因。

为进一步应用，鹿晶等[53]用氟钛酸钾和聚磷酸铵为阻燃剂，制备了废弃羽毛/EVA阻燃吸声复合材料，制得废弃羽毛/EVA阻燃吸声复合材料，其吸声系数可达0.95，极限氧指数为32%，材料具有良好的阻燃性能和吸声性能。

1.3.4 动物饲料

羽毛蛋白质含量在90%以上。因羽毛结构存在大量二硫键、氢键和疏水作用等分子间作用力，使得羽毛角蛋白既不溶于水，也不易被胰岛素、胃蛋白酶和木瓜蛋白酶等消化降解。若直接用作动物饲料，其消化率只有9.6%。

赵伟等[54]采用蒸汽闪爆工艺处理羽毛，处理后产物的胃蛋白酶消化率提高到85%。用生物技术提取的可溶性角蛋白的消化率较高，可达98.5%，接近于大豆蛋白的99.5%。但是羽毛角蛋白中赖氨酸、蛋氨酸、组氨酸和色氨酸等必需氨基酸的含量明显较低，未达到优质蛋白质的要求。通常补足含量低的氨基酸，或者与鱼粉等其他蛋白原复配使用。目前仅有10%~20%的废弃羽毛被开发成动物饲料，且售价低。

1.3.5 纤维材料

2008年，Fan等[55]利用离子液体溶解羽毛，通过湿法纺丝制得再生纤维。但是再生纤维的机械强度只有0.2g/旦，通过离子液体法制备再生纤维的力学性能很差。

2015年，Xu等[56]利用半胱氨酸还原法溶解羽毛和羊毛，通过湿法纺丝得到再生角蛋白纤维。制备的再生纤维的机械强度分别为0.6g/旦和0.88g/旦，尽管是离子液体法制备的再生纤维的4倍，仍未达到纺织纤维的应用需求。利用羽毛角蛋白制备的纤维可使织物具有良好的生物相容性和舒适性，但是这种纤维力学性能很差。再生纤维力学性能差，主要是由于角蛋白主链结构的水解破坏以及二硫键交联和结晶结构的低效重构。

针对再生角蛋白纤维力学性能严重不足的难题，米翔[57]提出利用具有二硫醇结构的二硫苏糖醇（DTT）扩链改性角蛋白材料的方法。该方法通过在大分子链间引入长距离交联，同时提升结晶度和二硫交联键的恢复程度，增强再生角蛋白纤维的柔韧性和耐水稳定性，实现废弃角蛋白向高品质再生纤维的转化。实验结果表明，利用二硫苏糖醇扩链改性制备的再生角蛋白纤维，断裂伸长率高于天然羽毛150%，韧性也高于天然羽毛。干态和湿态强度保留了天然羽毛80%的强度。但二硫苏糖醇价格昂贵，产业化成本高，再生角蛋白纤维缺乏竞争力，有待进一步开发研究。

此外，Katoh等[58]采用角蛋白与聚乙烯醇（PVA）、海藻酸钠（SA）等高分子原料混合，制备纺丝液，通过湿法纺丝或干湿法纺丝的工艺。制备了PVA/角蛋白复合纤维和SA/角蛋白复合纤维，以提高纤维的力学性能。实验结果表明，其机械强度与羊毛纤维的机械强度相当，但复合纤维中PVA的含量是再生角蛋白含量的两倍以上，影响了材料的生物降解性。

1.3.6　生物医用材料

角蛋白作为一种天然高分子材料，具有良好的生物相容性、生物可降解性，在生物医用领域具有很好的应用前景。羽毛绒角蛋白可以用来制备医用敷料、药物载体、绷带、伤口缝合线、骨折内固定棒、人工肌腱和非神经移植材料等。

Li等[59]基于EDC/NHS［1-（3-二甲氨基丙基）-3-乙基碳二亚胺盐酸盐/N-羟基硫化琥珀酰亚胺］反应，制备了胰岛素可持续释放的胰岛素偶联角蛋白水凝胶（Ins-K）。Ins-K 水凝胶和角蛋白水凝胶具有相同的吸水率、孔隙率和流变性能，但Ins-K 水凝胶与角蛋白水凝胶相比，具有更强的止血和伤口愈合能力。经 Ins-K 水凝胶治疗后，创面区皮肤组织光滑，无瘢痕形成，在组织再生应用领域中具有良好的应用前景。

Yang等[60]以头发角蛋白为基质，研制了一种以无痛微创的方式装载、运输毛囊干细胞激活药物的角蛋白水凝胶微针贴片给药装置。这种角蛋白水凝胶微针，具有高机械强度，可直接、持续、有效地将外泌体和小分子药物转运至毛囊内部，治疗效果得到显著提高，六天就可以诱导色素沉着和毛发再生。

Sun等[61]以羽毛角蛋白、N-异丙基丙烯酰胺和衣康酸（IAC）为原料，通过两步聚合，制备了具有互穿网络结构、多重响应的角蛋白聚合物水凝胶。这种水凝胶具有良好的溶胀性及对pH、温度、盐的敏感性，可实现提高抗癌药物阿霉素和牛血清白蛋白等药物释放的可控性，从而有效提高药物分子的利用率。

Mi等[62]通过添加亚微米半胱氨酸颗粒，对角蛋白薄膜进行改性，研制出耐湿性好的角蛋白薄膜，而且具有良好的柔韧性和较高的强度。亚微米半胱氨酸颗粒与角蛋白的复合，提高了分子间作用力，增强了复合膜的强度、模量和尺寸稳定性。而且，氨基酸颗粒越小，对角蛋白薄膜的增强效果越好，因此，在生物医用领域具有广阔的应用前景。

1.4 本研究的主要内容及意义

1.4.1 本研究的主要内容

鸭绒作为动物性蛋白质纤维，具有良好的保暖性好、轻便、柔软等特点，从而深受广大消费者的青睐。

鸭子在养殖过程中，其毛羽中附着有大量的泥沙、灰沙、粪便等污物。在屠宰过程，以及扒鸭毛羽的过程中，也会使鸭的毛羽沾有大量的油渍和血渍。鸭子的腥味和这些污物带来的异味严重，影响毛羽的使用价值。为了提高羽绒羽毛的价值，必须对其进行加工处理。一般对羽绒羽毛采用粗分→表面调控→甩干→烘干→除尘→精分→拼堆的加工处理方式，或采用粗分→精分→表面调控→甩干→烘干→除尘→拼堆的加工处理方式，或采用粗分→除尘→表面调控→甩干→烘干→精分→拼堆的加工处理方式。根据产品的要求，必要时对羽绒进行除铁操作。从鸭子身上拔下的羽绒羽毛经过这些工序的处理后，即可达到一种洁白、无味、光亮、轻盈、有弹性的状态。

目前，全球从事鸭绒加工的企业均离不开分绒、洗绒、烘绒、冷却等工艺过程，原料羽毛绒在整个工艺过程要经过几百次至几千次不同程度的打击损伤，它们都是伤残者；其次，洗涤过程中碱对鸭绒有明显的破坏作用，它能使鸭绒的盐式键断裂，也能攻击胱氨酸的二硫键。根据不同的作用条件，或者生成硫氨酸键并释放出硫，或者断裂二硫键而释放出硫化氢和硫，更剧烈的碱作用则破坏肽链本身。在一般情况下，鸭绒在pH为8的碱溶液中即受损伤，在pH为10～11的溶液中对鸭绒的破坏作用已非常强烈。再者，鸭绒对氧化剂的作用相当敏感。漂白氧化剂作用于有色物质的同时，也作用于鸭绒的二硫键，使其生成磺酸基—SO_3。例如，氧化剂处理时间长或浓度高，或使用氧化性较强的氧化剂，不仅使所有的二硫键被氧化成磺酸基，而且还有许多缩氨酸键断裂，使蛋白质降解过于迅速，从而使鸭绒受到严重破坏。

这些受到一定损伤、破坏的鸭绒及其制品会产生粉尘并向外散发，对人体的呼吸系统带来危害，粉尘也会对其蓬松度产生影响，进而影响鸭绒制品的保暖性等性能。因此，如何深加工羽毛绒制品，在高值利用废弃羽毛的同时，又能避免加工导致的环境污染问题，则需要进一步创新羽毛绒处理的新方法。具体研究内容如下：

1.4.1.1 不同生长周期鸭毛绒结构与性能的研究

利用能谱仪（EDS）、傅里叶红外光谱（FT–IR）、X射线衍射仪（XRD）、热重分析仪（TGA）、扫描电子显微镜（SEM）和平板式保暖仪对老鸭和肉鸭羽毛的结构和性能进行测试，并且比较了老鸭羽毛和肉鸭羽毛在结构和性能上的异同点，为后续肉鸭羽毛的改性提供了参考依据。

1.4.1.2 含环氧基羽毛接枝共聚物的研究

通过在羽毛表面构建巯基–过硫酸钾表面引发聚合体系引发单体甲基丙烯酸缩水甘油酯（GMA）在羽毛表面的接枝聚合，制得含环氧基的羽毛接枝共聚物。利用FT–IR、XRD、SEM和TGA对共聚物的结构和性能进行表征，并系统地研究了影响接枝聚合的主要因素，确定了接枝的最佳工艺。

1.4.1.3 羽毛基环境修复材料的研究

利用含环氧基羽毛接枝共聚物中的环氧基与植酸发生开环反应，将植酸中的磷酸根基团引入共聚物表面，制备得到羽毛吸附材料。采用FT–IR、SEM和TGA对吸附材料进行表征，探讨了影响羽毛吸附材料吸附量的主要因素，确定了最佳吸附工艺条件。

1.4.1.4 采用ARGET ATRP法改性羽毛研究

采用电子转移活化再生催化剂原子转移自由基聚合ARGET ATRP法

在羽毛表面接枝BA和tBA，制得feather-g-PBA、feather-g-PtBA共聚物。采用EDS能谱、FT-IR、XRD、SEM、TGA和凝胶渗透色谱（GPC）对接枝共聚物进行表征，研究了共聚物的合成可控动力学及分子量分布指数，并探讨了不同接枝率共聚物的力学性能。

采用ARGET ATRP法在羽毛表面接枝DMAEMA单体，制备得到feather-g-PDMAEMA共聚物，再以溴乙烷为改性剂对共聚物进行季铵化处理，获得具有抗菌性能的羽毛复合材料。研究了接枝聚合反应的可控动力学及其聚合物分子量分布指数，探究了羽毛复合材料对金黄色葡萄球菌的抗菌性能。

1.4.1.5 P（MA-co-AA）/羽毛多肽纤维膜固定过氧化物酶的研究

以P（MA-co-AA）/羽毛多肽复合纳米纤维膜为辣根过氧化物酶（HRP）固定化载体，先用戊二醛与纳米纤维表面的氨基反应，再用EDC/NHS活化纤维表面的羧基，进一步与HRP分子中的氨基进行偶联，实现HRP的固定化。探究了HRP固定化的影响因素；研究了固定化酶的催化最适pH、最适温度、催化动力学过程的V_{max}和K_{m}值、热稳定性、储存稳定性和重复使用稳定性。

1.4.1.6 P（GMA-co-MA）/羽毛多肽纤维膜固定脂肪酶研究

利用聚合物表面的环氧基固定脂肪酶，对脂肪酶固定化参数进行优化。具体研究内容为羽毛多肽含量、固定化反应温度对酶固定化的影响。探讨固定化酶催化反应最适pH、最适温度以及测定反应动力学参数。探究固定化酶的热稳定性、重复使用稳定性、耐有机溶剂性能。

1.4.1.7 固定化脂肪酶在有机合成中的应用研究

根据脂肪酶催化机制，针对特定有机合成反应，对溶剂组成、反应温度、反应时间、固定化酶酶量参数进行选择和设计，探讨固定化脂肪酶在不同条件下的催化活性，优化反应体系，探究固定化酶对有机反应的催化效率。

1.4.2 本研究的意义

肉鸭是市场对出栏时间短于40天仔鸭的统称。当前,随着鸭苗品种、饲料与饲养技术的进步,进一步缩短了鸭子的生长周期,投放市场的肉鸭肉质及产生的效益均超出了传统鸭子品种,在国内外都占有广泛的市场,受到消费者的欢迎,也极大地促进了国内养殖产业的发展,产生了较高的"三农"效益。近年来,肉鸭品种已呈现逐渐淘汰其他传统品种的趋势,已占据国内80%以上的市场份额。

与此同时,来自肉鸭的羽毛绒与传统生长周期长的鸭子羽毛绒原料在含脂率、纤维强度、绒朵发育与成分比例等指标上存有较大差异,采用传统羽毛绒加工工艺生产的羽绒产品,其粉尘含量高、蓬松度与保暖性、清洁度等指标上有明显下滑,产品品质显著降低,附加值降低,"三农"效益受到较大损失。为此,肉鸭羽毛绒加工技术的创新与开发已成为制约羽毛绒产业发展的瓶颈问题,同时肉鸭羽毛绒加工关键技术的攻关也将是我国能否持续保持羽绒产能与优质羽绒输出大国地位的关键环节。

羽绒深加工产业是变废为宝的绿色产业,同时也是增加"三农"效益的重要产业。目前"养殖基地+农户+公司"的羽绒产业发展模式已被广泛借鉴和采用,养殖基地和农户将养殖的水禽送往屠宰场,屠宰场产生的废弃羽毛绒正是羽绒产业的原材料。通过羽绒产业的深加工将羽绒产品变成优质的保暖材料,最终加工成为附加值较高的羽绒家纺、羽绒服、保暖坐垫等系列产品。羽绒产业的发展也拓宽了养殖基地和农户的经济收入渠道,实践证明,羽绒加工产业具有鲜明的产业拉动效应。

据不完全统计,世界各地每年产生700多万吨废弃毛发,主要来源于家禽和野生动物,除少部分作为保暖填充材料外,绝大部分被废弃,这不仅污染了环境,而且还浪费了大量的动物蛋白资源[63-65]。研究利用这些被废弃的羽毛羽绒并使之资源化利用,"变废为宝"是一种解决能源短缺和环境污染问题的有效途径,有助于碳达峰、碳中和目标的实现,符合可持续性发展的战略需求。

参考文献

［1］YU M K, WU P, WIDELITZ R B, et al. The morphogenesis of feathers ［J］. Nature, 2002, 420（21）: 308–312.

［2］杨崇岭, 赵耀明, 刘立进. 天然纺织材料: 羽毛纤维的形态结构 ［J］. 纺织导报, 2005（3）: 56–59, 94.

［3］BARONE J R, SCHMIDT W F, LIEBNER C F. Compounding and molding of polyethylene composites reinforced with keratin feather fiber ［J］. Composites Science & Technology, 2005, 65（3）: 683–692.

［4］赵耀明, 杨崇岭, 蔡婷, 等. 羽毛纤维的结构、性能及应用 ［J］. 针织工业, 2007（2）: 20–23.

［5］WANG B, YANG W, MCKITTRICK J, et al. Keratin: Structure, mechanical properties, occurrence in biological organisms, and efforts at bioinspiration ［J］. Progress in Materials Science, 2016, 76: 229–318.

［6］贾如琰, 何玉凤, 王荣民, 等. 角蛋白的分子构成、提取及应用 ［J］. 化学通报, 2008（4）: 265–271.

［7］HARRAP B S, WOODS E F. Soluble derivatives of feather keratin. 1. Isolation, fractionation and amino acid composition. ［J］. Biochemical Journal, 1964, 92（1）: 8–18.

［8］关丽涛, 杨崇岭, 赵耀明. 羽毛纤维的耐化学试剂性能 ［J］. 纺织学报, 2008, 29（4）: 27–31.

［9］SCHROOYEN P M M, DIJKSTRA P J, OBERTHUR R C, et al. Partially carboxymethylated feather keratins. 2. Thermal and mechanical properties of films ［J］. Journal of Agricultural and Food Chemistry, 2001, 49（1）: 221–230.

［10］JING G, YU W D, NING P. Structures and properties of the goose down as a material for thermal insulation [J]. Textile Research Journal, 2007, 77 (8): 617–626.

[11] RAHMAN M M, NETRAVALI A N. Aligned bacterial cellulose arrays as "green" nanofibers for composite materials [J]. ACS Macro Letters, 2016, 5 (9): 1070–1074.

[12] TONIN C, ZOCCOLA M, ALUIGI A, et al. Study on the conversion of wool keratin by steam explosion[J]. Biomacromolecules, 2006, 7(12): 3499–3504.

[13] ZOCCOLA M, ALUIGI A, PATRUCCO A, et al. Microwave-assisted chemical-free hydrolysis of wool keratin [J]. Textile Research Journal, 2012, 82 (19): 2006–2018.

[14] TSUDA Y, NOMURA Y. Properties of alkaline-hydrolyzed waterfowl feather keratin [J]. Animal Science Journal, 2014, 5 (2): 180–185.

[15] KATOH K, TANABE T, YAMAUCHI K. Novel approach to fabricate keratin sponge scaffolds with controlled pore size and porosity [J]. Biomaterials, 2004, 25 (18): 4255–4262.

[16] BUCHANAN J H. A cystine-rich protein fraction from oxidized alpha-keratin [J]. Biochemical Journal, 1977, 167 (2): 489–491.

[17] BRANDELLI A. Bacterial keratinases : Useful enzymes for bioprocessing agroindustrial wastes and beyond [J]. Food and Bioprocess Technology, 2008, 1 (2): 105–116.

[18] ZHAO W, YANG R, ZHANG Y, et al. Sustainable and practical utilization of feather keratin by an innovative physicochemical pretreatment : High density steam flash-explosion [J]. Green Chemistry, 2012, 14 (12): 3352–3360.

[19] 张益奇. 羽毛角蛋白蒸汽闪爆解离与提取研究 [D]. 无锡: 江南大学, 2016.

[20] SINKIEWICZ I, SLIWINSKA A, STAROSZCZYK H, et al. Alternative

methods of preparation of sdube keratin from chicken feathers [J]. Waste and Biomass Valo-rization, 2017, 8: 1043.

[21] POOLE A J, LYONS R E, CHURCH J S. Journal of polymers and the environment [J]. Journal of Polymers and the environment, 2011, 19 (4): 995.

[22] SCHROOYEN P M M, DIJKSTRA P J, OBERTHUR R C, et al. Stabilization of solutions of feather keratins by sodium dodecyl sulfate [J]. Journal of Colloid and Interface Science, 2001, 240 (1): 30–39.

[23] BARONE J R, SCHMIDT W F. Effect of formic acid exposure on keratin fiber derived from poultry feather biomass [J]. Bioresource Technology, 2006, 97 (2): 233–242.

[24] MARTELLI S M, MOORE G R P, LAURINDO J B. Mechanical properties, water vapor permeability and water affinity of feather keratin films plasticized with sorbitol [J]. Journal of Polymers and the Environment, 2006, 14 (3): 215–222.

[25] SHAVANDI A, SILVA T H, BEKHIT A A, et al. Keratin : Dissolution, extraction and biomedical application [J]. Biomaterials Science, 2017, 5 (9): 1699–1735.

[26] POOLE A J, CHURCH J S. The effects of physical and chemical treatments on Na_2S produced feather keratin films [J]. International Journal of Biological Macromolecules, 2015, 73: 99–108.

[27] CLINE D J, REDDING S E, BROHAWN S G, et al. New water-soluble phosphines as reductants of peptide and protein disulfide bonds : Reactivity and membrane permeability [J]. Biochemistry, 2004, 43 (48): 15195–15203.

[28] 符人源, 丁丽敏, 复酶降解羽毛蛋白工艺的研究 [J]. 饲料研究, 2010 (08): 36 ~ 38.

[29] 聂庆霁, 史玉峰, 王玲, 等. 地衣芽孢杆菌 niu-1411-1 降解羽毛

角蛋白过程中含硫化合物的变化 [J]. 江苏农业科学，2010（4）：258–261.

［30］BUSSON B，BRIKI F，DOUCET J. Side–chains configurations in coiled coils revealed by the 5.15: A meridional reflection on hard alpha–keratin X–ray diffraction patterns［J］. Journal of Structural Biology，1999，125（1）：1.

［31］XIE H，LI S，ZHANG S. Ionic liquids as novel solvents for the dissolution and blending of wool keratin fibers［J］. Green Chemistry，2005，7（8）：606.

［32］IDRIS A，VIJAYARAGHAVAN R，R ANA U A，et al. Dissolution of feather keratin in ionic liquids［J］. Green Chemistry，2013，15，525.

［33］徐广标，聂静，齐迪迪. 羽绒/羽毛集合体的性能［J］. 东华大学学报（自然科学版），2014，40（5）：555–559.

［34］金阳，金叶飞，李薇雅. 羽绒表面性能及其蓬松度的研究［J］. 日用化学工业，2000（4）：17–19.

［35］王学川，高文娇，刘叶，等. 采用氧化剂和交联剂提高羽绒蓬松度的研究［J］. 纺织导报，2015（9）：55–58.

［36］张秀萍，齐鲁. 通过接枝改性提高羽绒纤维保暖性能的探究［J］. 毛纺科技，2015，43（8）：36–39.

［37］黄翠蓉，于伟东，许海叶. 羽绒服保暖性探讨［J］. 武汉科技学院学报，2007（1）：25–29.

［38］应丽丽，李长龙，王宗乾，等. 植酸作用下锆离子修饰羽绒及其保温性能［J］. 纺织学报，2020，41（10）：94–100.

［39］CHEN C H. Down–feather and manmade fiber mixed filler and product manufacturing from the same：US，7351463［P］. 2008–4–1.

［40］KAWADA Y. Short fiber–containing down–feather wadding and process for producing the same：US，6232249［P］. 2001–5–15.

［41］强涛涛，张琦，王学川，等. 常用表面活性剂对羽绒脱脂效果影响

的研究 [J]. 中国皮革, 2019, 48 (11): 12-15.

[42] MITTAL A. Adsorption kinetics of removal of a toxic dye, malachite green, from wastewater by using hen feathers [J]. Journal of hazardous materials, 2006, 133 (1-3): 196-202.

[43] BANAT F, AL-ASHEH S, AL-ROUSAN D. Comparison between different keratin-composed biosorbents for the removal of heavy metal ions from aqueous solutions [J]. Adsorption Science & Technology, 2002, 20 (4): 393-416.

[44] SUYAMA K, FUKAZAWA Y, SUZUMURA H. Biosorption of precious metal ions by chicken feather [J]. Applied biochemistry and biotechnology, 1996, 57 (1): 67-74.

[45] BANAT F, AL-ASHEH S, AL-ROUSAN D. Comparison between different keratin-composed biosorbents for the removal of heavy metal ions from aqueous solutions [J]. Adsorption Science & Technology, 2002, 20 (4): 393-416.

[46] HUDA S, Y Y Q. Feather fiber reinforced light-weight composites with good acoustic properties [J]. Journal of Polymers and the Environment, 2009, 17 (2): 131-142.

[47] Y Y Q, Narendra Reddy. Utilizing discarded plastic bags as matrix material for composites reinforced with chicken feathers [J]. Journal of Applied Polymer Science, 2013, 130 (1): 307-312.

[48] KUSNO A, TOYODA M, SAKAGAMI K, et al. Chicken feather: An alternative of acoustical mater-ials [C] SYAMIR A S A, MAHDI A, CARLOS R S. 24th international congress on sound and vibration. London: International Institute of Acoustics and Vibration, 2017: 23-27.

[49] 杨树, 于伟东, 潘宁. 纤维集合体的结构特征与其吸声性能 [J]. 声学技术, 2010, 29 (5): 457-461.

[50] 吕丽华, 刘英杰, 郭静, 等. 废弃羽毛的结构特征及其吸声性能 [J].

纺织学报，2020，41（1）：32-38.

[51] 梁李斯，郭文龙，张宇，等. 新型吸声材料及吸声模型研究进展 [J]. 功能材料，2020，51（5）：5013-5019.

[52] 向海帆，赵宁，徐坚. 聚合物纤维类吸声材料研究进展 [J]. 高分子通报，2011（5）：1-9.

[53] 鹿晶，毕吉红，吕丽华. 废弃羽毛阻燃吸声复合材料的制备及其性能 [J]. 毛纺科技，2020，48（10）：8-11.

[54] ZHAO W, YANG R, ZHANG Y, et al. Sustainable and practical utilization of feather keratin by an innovative physicochemical pretreatment：High density steam flash-explosion [J]. Green Chemistry, 2012, 14（12）: 3352.

[55] FAN X. Value-added products from chicken feather fibers and protein [D], 2008.

[56] XU H, YANG Y. Controlled de-cross-linking and disentanglement of feather keratin for fiber preparation via a novel process [J]. Acs Sustainable Chemistry & Engineering, 2014, 2（6）: 1404-1410.

[57] 米翔. 废弃角蛋白绿色改性及其再生纤维的开发 [D]. 上海：东华大学，2020.

[58] KATOH K, SHIBAYAMA M, TANABE T, et al. Preparation and properties of keratin-poly（vinyl alcohol）blend fiber [J]. Journal of Applied Polymer Science, 2004, 91（2）: 756-762.

[59] LI W F, GAO F Y, KAN J L, et al. Synthesis and fabrication of a keratin-conjugated insulin hydrogel for the enhancement of wound healing [J]. Colloids and Surfaces B：Biointerfaces, 2019: 175.

[60] YANG G, CHEN Q, WEN D, et al. A therapeutic microneedle patch made from hair-derived keratin for promoting hair regrowth [J]. ACS nano, 2019, 13（4）: 4354-4360.

[61] SUN K, GUO J, HE Y, et al. Fabrication of dual-sensitive keratin-

based polymer hydrogels and their controllable release behaviors [J]. Journal of Biomaterials Science Polymer Edition, 2016: 1-28.

[62] MI X, XU H, YANG Y. Submicron amino acid particles reinforced 100% keratin biomedical films with enhanced wet properties via interfacial strengthening [J]. Colloids and Surfaces B : Biointerfaces, 2019, 177: 33-40.

[63] LIN G, ZHOU H, LIAN J, et al. Colloids and Surfaces B : Biointerfaces, 2019: 175, 291.

[64] ESPARZA Y, ULLAH A, WU J. MoleCular mechanism and characterization of self-assembly of feather keration gelation [J]. International Journal of Biological Macromolecules, 2017: 290-296.

[65] PARK M, SHIN H K, KIM B S, et al. Effect of discarded keratin-based biocomposite hydrogels on the wound healing process in vivo [J]. Materials Science and Engineering : C, 2015, 55: 88-94.

第 2 章　不同生长周期鸭毛绒结构与性能的研究

2.1　引言

随着鸭苗品种、饲料与饲养技术的进步，肉鸭的生长周期缩短至28天。由于肉鸭的肉质优于传统生长周期为1年以上老鸭品种，因而受到消费者的欢迎，在国内外市场所占份额越来越大。

由于生长周期短，肉鸭羽毛绒的品质与传统生长的老鸭羽毛绒相比，有较大差异。采用传统羽毛绒加工技术生产的羽毛产品，其粉尘含量高，在蓬松度与保暖性、清洁度等指标上有明显下滑，产品品质显著降低，附加值降低，"三农"效益受到较大损失，已不能满足羽毛绒加工业生存和发展的需要。肉鸭羽毛绒加工技术已成为制约羽毛绒产业发展的瓶颈问题。肉鸭与老鸭羽毛绒结构性能的对比研究，是实现肉鸭羽毛绒加工技术的创新的关键环节之一。

东华大学高晶、于伟东等[1]利用扫描电子显微镜对鹅绒与鸭绒纤维的形态结构进行观察，研究其独特的分叉结构和表面结构，比较鹅绒与鸭绒在形态上存在的差别，以及由此产生的性能上的差异。金阳、李薇雅[2]研究了羽绒的润湿性、稳定性等理化性能，结果表明，常温下羽绒难以被水润湿，其可燃性低于纤维素纤维，耐酸性能优于耐碱性能，日光和微生物对羽绒稳定性有较大影响。

本章通过采用元素分析仪、红外光谱仪、扫描电子显微镜、热重分析仪、平板式保暖仪等，对老鸭和肉鸭羽毛绒的元素含量、化学结构、微观形貌、热稳定性、保暖性等进行系统分析，阐明老鸭与肉鸭羽毛绒之间的区别，为后续肉鸭羽毛绒的高值化利用提供基础资料和理论依据。

2.2 实验部分

2.2.1 实验材料与仪器

老鸭鸭绒、鸭毛，肉鸭鸭绒、鸭毛，来源于安徽东隆羽绒股份有限公司。

实验仪器主要为：SA2003N型多功能电子天平，购自常州市衡正电子仪器有限公司；DZF-6210型真空干燥箱，购自上海圣科仪器设备有限公司；IR Prestige-21型傅里叶变换红外光谱仪（FT-IR），购自日本岛津公司；DTG-60H型微机差热天平，购自日本岛津公司；S-4800型扫描电子显微镜（SEM），购自日本日立公司；YG606D型平板式保暖仪，购自深圳市海滨仪器有限公司；D8系列X射线（粉末）衍射仪（XRD），购自德国布鲁克公司。

2.2.2 测试方法

2.2.2.1 元素含量测试

将干燥至质量恒定的老鸭和肉鸭羽毛、羽绒喷金处理后，采用日本日立公司S-4800型扫描电子显微镜—能谱联用仪（EDS）对样品元素含量进行测定。

2.2.2.2 化学结构测试

采用日本岛津公司IR Prestige-21型FT-IR对老鸭和肉鸭羽毛、羽绒的结构进行表征。样品测试条件：将样品剪碎，在研钵中研磨均匀和KBr混合，经压片机压成透明薄片，测试范围为$500 \sim 4000 \mathrm{cm}^{-1}$。

2.2.2.3　结晶度测试

将干燥至恒重的老鸭和肉鸭羽毛、羽绒剪碎研磨均匀，采用德国布鲁克公司D8系列XRD）进行测试。采用CuKα辐射，管压为40kV，管流为300mA，2θ值范围为5°~60°。结晶度的计算式如下：

$$X_C = \frac{S_C}{S_A + S_C} \times 100\%$$

式中：X_C为结晶度；S_C为结晶峰面积；S_A为非结晶峰面积。

2.2.2.4　表面形貌测试

按扫描电镜测试要求将老鸭和肉鸭羽毛、羽绒样品进行20s的喷金处理后，采用日立S-4800型SEM对其微观形貌进行观察。

2.2.2.5　热稳定性测试

将老鸭和肉鸭羽毛、羽绒剪碎，研磨均匀，各取2mg样品在氮气的保护下利用日本岛津公司（DTG-60H型）微机差热天平进行热重测试。测试条件：升温速率10℃/min，气流量20mL/min。

2.2.2.6　保暖性测试

将老鸭和肉鸭羽毛、羽绒各10g装入尺寸为30cm×30cm的轻薄非织造试样袋中，装样后轻轻拍打袋子，使羽毛在袋中均匀分布，避免羽毛在袋中集聚[3]。采用YG606D平板式保暖仪对羽毛绒的保温率、保暖系数、克罗值进行测试。测试条件：仪器预热至（36±0.5）℃，加热周期设为7次。非织造试样袋较为轻薄，其导热可忽略不计。

2.3　结果与讨论

2.3.1　元素含量分析

老鸭和肉鸭羽毛中主要元素组成与含量见表2-1。从表中可知：老鸭和肉鸭羽毛主要是由C、N、O、S四种元素组成，其中老鸭羽毛C元素含量为42.42%，N元素含量为28.52%，O元素含量为26.95%，S元素含量为

2.11%；肉鸭羽毛C元素含量为36.57%，N元素含量为32.25%，O元素含量为29.96%，S元素含量为1.22%。

表 2-1 老鸭和肉鸭羽毛、羽绒中主要元素含量

类别	元素重量百分含量			
	C	N	O	S
老鸭羽毛	42.42%	28.52%	26.95%	2.11%
肉鸭羽毛	36.57%	32.25%	29.96%	1.22%
老鸭羽绒	41.80%	25.86%	30.24%	2.10%
肉鸭羽绒	38.47%	32.51%	27.67%	1.35%

老鸭和肉鸭羽绒中主要元素组成与含量见表2-1。从表中可知：老鸭和肉鸭羽绒也主要由 C、N、O、S四种元素组成，老鸭羽毛、老鸭羽绒C元素含量分别高于肉鸭羽毛、肉鸭羽绒；N元素含量则相反，肉鸭羽毛、肉鸭羽绒N元素含量高于老鸭羽毛、老鸭羽绒；肉鸭羽毛、肉鸭羽绒S元素含量低于老鸭羽毛、老鸭羽绒。由此可说明，肉鸭羽绒中二硫键少，这导致肉鸭羽绒纤维强度低，粉尘含量高，从而影响其加工性能和服用性能。因此，为实现肉鸭羽绒高值化利用，必须对其表面结构进行调控。

2.3.2　化学结构分析

图2-1是老鸭和肉鸭羽毛的红外光谱图，图2-2是老鸭和肉鸭羽绒的红外光谱图。从图中可知，四者光谱峰的峰型相似，在3440cm^{-1}处附近的特征峰归属O—H键的伸缩振动，2934cm^{-1}处是C—H键伸缩振动峰，1644cm^{-1}处是酰胺Ⅰ带（C＝O键伸缩振动峰），1544cm^{-1}处是酰胺Ⅱ带（N—H键伸缩振动峰），1240cm^{-1}处是酰胺Ⅲ带（C—N键伸缩振动峰），652cm^{-1}处是C—S键的伸缩振动峰；老鸭和肉鸭羽绒的红外图谱中最明显的区别在于老鸭羽毛在2356cm^{-1}处有一明显特征峰，此特征峰为巯基峰；而肉鸭羽毛在此没有明显特征峰。这可能是由于肉鸭生长周期短，其羽绒生长发育不完善而导致的。

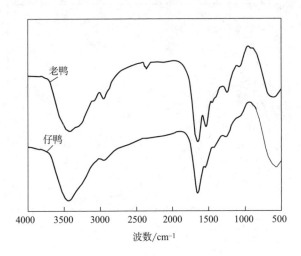

图 2-1　老鸭和肉鸭羽毛的红外光谱图

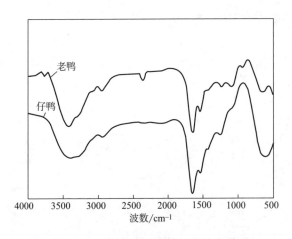

图 2-2　老鸭和肉鸭羽绒的红外光谱图

2.3.3　结晶度分析

利用X射线衍射（XRD）来分析比较老鸭和肉鸭羽毛、羽绒的结晶度大小情况，结果如图2-3和图2-4所示。从图中可以看出，老鸭和肉鸭羽毛、羽绒在9.8°（晶面间距0.98nm）附近和19.8°（晶面间距0.47nm）附近各有一个衍射峰，此双衍射峰是由羽毛、羽绒角蛋白中的α-螺旋结构和β-折叠结构产生的[4-5]，与红外光谱中的分析结果相一致。结晶结构含量可通过衍

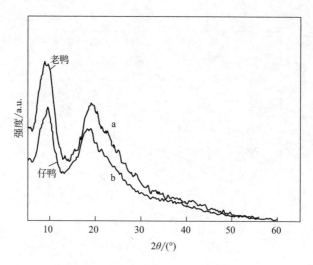

图 2-3　老鸭和肉鸭羽毛的 XRD 图谱

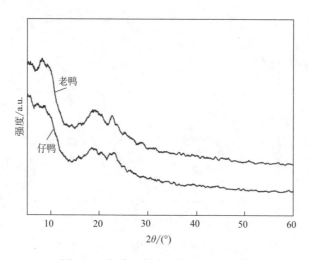

图 2-4　老鸭和肉鸭羽绒的 XRD 图谱

射峰的强度来显示，从图中可知，老鸭羽毛、羽绒在9.8°附近处的衍射峰强度明显高于肉鸭羽毛、羽绒，因此，老鸭羽毛、羽绒中α-螺旋结构含量较高。再根据结晶度计算式可算出老鸭羽毛结晶度为61.8%，肉鸭羽毛结晶度为54.6%；老鸭羽绒结晶度为60.8%，肉鸭羽绒结晶度为54.6%。由此可以得出，老鸭羽毛的结晶度大于肉鸭羽毛的结晶度，老鸭羽绒的结晶度大于肉鸭羽绒的结晶度。结晶度越大，纤维分子排列越规整，吸湿性越低，从而使得鸭鸭绒蓬松性好、保暖性优良，具有较好的服用性能。

2.3.4　表面形貌分析

2.3.4.1　老鸭和肉鸭羽毛的表面形貌分析

老鸭和肉鸭羽毛的表面形貌如图2-5所示。由图可知，老鸭和肉鸭羽毛纤维形态结构相似，主要是由羽枝轴和羽小枝组成。羽枝轴位于羽毛纤维中央，羽小枝平行排列于羽枝轴两侧。

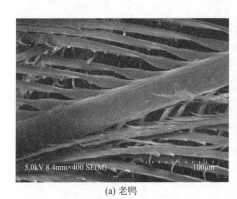

(a) 老鸭　　　　　　　　　　　　　(b) 肉鸭

图 2-5　老鸭和肉鸭羽毛纤维的表面形貌

老鸭和肉鸭羽小枝形态如图2-6所示。由图可知，老鸭和肉鸭羽小枝中包含有钩羽小枝和无钩羽小枝，且肉鸭羽小枝中的钩枝长度小于老鸭羽毛。不同生长期的羽毛纤维其羽枝轴和羽小枝的大小是不同的，总体来说，老鸭羽枝轴和羽小枝的长度和直径大于肉鸭羽毛。

老鸭和肉鸭羽毛羽枝轴的微观形貌如图2-7所示。老鸭羽枝轴表面凹凸不平，存在深浅不一的凸起和内陷结构，表面沟槽径向较为明显，沟纹呈现无规律排列。肉鸭羽枝轴表面比较光滑，没有明显的径向沟槽，也无明显沟纹。老鸭和肉鸭羽毛羽小枝的微观形貌如图2-8所示，两者表面均较为粗糙，表面凹凸不平。

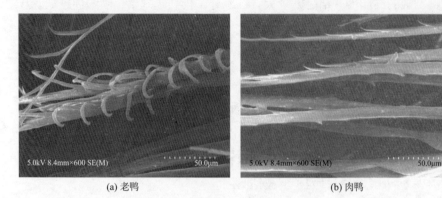

(a) 老鸭　　　　　　　　　　　　　　　(b) 肉鸭

图 2-6　老鸭和肉鸭羽小枝的表面形貌

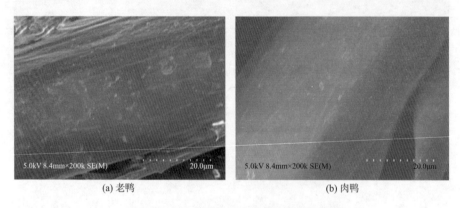

(a) 老鸭　　　　　　　　　　　　　　　(b) 肉鸭

图 2-7　老鸭和肉鸭羽枝轴的微观形貌

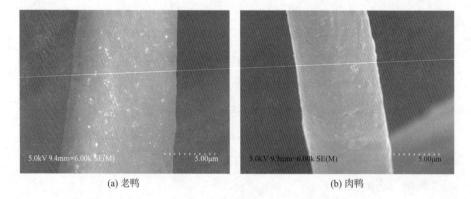

(a) 老鸭　　　　　　　　　　　　　　　(b) 肉鸭

图 2-8　老鸭和肉鸭羽小枝的微观形貌

2.3.4.2　老鸭和肉鸭羽绒的表面形貌分析

老鸭和肉鸭羽绒的宏观形态如图2-9所示。由图可知，老鸭和肉鸭羽绒都以朵绒的形式存在且不含羽轴，朵绒形态大体一致，均呈半球形。朵绒的主要组成部分是绒枝，从图中观察可知，老鸭羽绒的绒枝数量和长度均大于肉鸭羽绒。一般情况下，单个老鸭朵绒中绒枝的数量为65～100根，单个肉鸭朵绒中绒枝的数量为15～40根；老鸭羽绒绒枝的长度为10.2～30.3mm，直径为8.71～38.40μm；肉鸭羽绒绒枝的长度为8.2～22.1mm，直径为7.53～25.10μm。

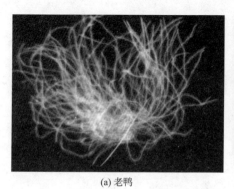 

(a) 老鸭　　　　　　　　　　　　　(b) 肉鸭

图 2-9　老鸭和肉鸭羽绒的宏观形态

老鸭和肉鸭羽绒绒枝的微观形貌如图2-10所示。老鸭和肉鸭羽绒绒枝表面凹凸不平，存在深浅不一的凸起和内陷结构，老鸭羽绒绒枝表面沟槽径向与肉鸭相比十分明显，并且沟槽深度大于肉鸭羽绒，两者沟纹均呈无规律分布。

老鸭和肉鸭羽绒中的每根绒枝上都生长着大量的绒小枝，绒小枝在绒枝上呈有规律的平行交叉排列，如图2-11所示。绒小枝从绒枝表面长出后其截面形状和直径随着在绒小枝上位置的不同而不同，从绒小枝根处到末梢，截面形状由扁平状过渡到圆柱状[6]，直径由大变小。老鸭和肉鸭羽绒绒小枝的形态大体相似，一般老鸭绒小枝的长度为328～1830μm，直径为2.67～13.8μm；肉鸭绒小枝的长度为208～1343μm，直径为2.44～9.15μm。

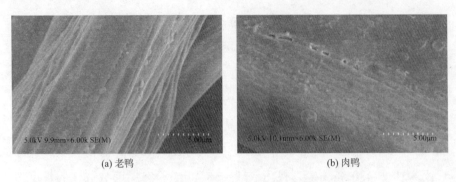

(a) 老鸭   (b) 肉鸭

图 2-10　老鸭和肉鸭羽绒绒枝的微观形貌

(a) 老鸭   (b) 肉鸭

图 2-11　老鸭和肉鸭羽绒绒小枝形态

老鸭和肉鸭羽绒绒小枝的微观形貌如图2-12所示。老鸭绒小枝的表面较为光滑，表面沟槽径向较为明显，沟纹呈有规律的平行排列。肉鸭绒小枝表面较为粗糙，表面凹凸不平，没有明显的径向沟槽，也无明显沟纹。

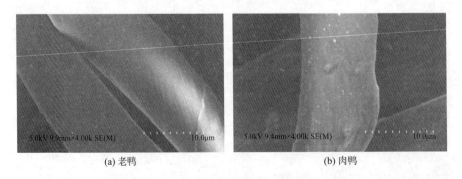

(a) 老鸭   (b) 肉鸭

图 2-12　老鸭和肉鸭羽绒绒小枝的微观形貌

在羽绒绒小枝的表面存在间隔一定距离的骨节，骨节的形状随着羽绒的生长状况以及在绒小枝上位置的不同而有较大的变化[7]，一般靠近绒小枝根部的节点多为三角形节点，靠近绒小枝梢部的节点多为叉状节点，如图2-13和图2-14所示。由于羽绒成熟状况不同，老鸭和肉鸭绒小枝中三角形节点和叉状节点的大小、数量、节点之间的间距也不同。一般老鸭的叉状节点的直径为3.23~7.37μm，数量为0~9个，间距为28.8~50.4μm；肉鸭的叉状节点的直径为2.39~4.24μm，数量为0~6个，间距为14.3~46.0μm；老鸭的三角形节点的直径为17.6~29.4μm，数量为0~6个，间距为26.8~67.4μm；肉鸭的三角形节点的直径为8.37~21.1μm，数量为0~4个，间距为11.1~50.3μm。

(a) 老鸭

(b) 肉鸭

图 2-13　老鸭和肉鸭羽绒三角形节点形态

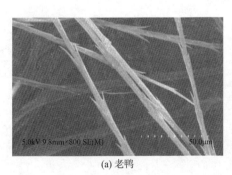

(a) 老鸭

(b) 肉鸭

图 2-14　老鸭和肉鸭羽绒叉状节点形态

鸭羽绒纤维的形态结构影响其服用性能。鸭羽绒表面的绒枝和绒小枝分布密集，不仅起到了支撑朵绒的作用，还大大增加了其比表面积，从而使鸭羽绒纤维中夹持的静止空气越多，保暖性增加；鸭羽绒表面的节点对鸭羽绒纤维的回弹压缩起到了支撑作用，使纤维更加柔软，服用性能更佳。

2.3.5　热稳定性分析

利用热重分析（TG）图谱中得到的聚合物初始热分解温度、失重速率及对应的失重率，来分析比较老鸭羽绒与肉鸭羽绒的热稳定性大小，测试结果如图2-15和图2-16所示。从图2-15可知，老鸭羽毛的初始热分解温度为235℃，615℃时分解完毕；肉鸭羽毛的初始热分解温度为220℃，590℃时分解完毕。比较两者曲线，老鸭羽毛的初始分解温度高于肉鸭羽毛；在220～510℃之间，老鸭羽毛失重63%，肉鸭羽毛失重68%，且肉鸭羽毛的失重速率高于老鸭羽毛。由此可知，老鸭羽毛的热稳定性高于肉鸭羽毛。

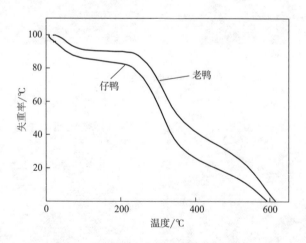

图 2-15　老鸭和肉鸭羽毛的热重分析

从图2-16可知，老鸭羽绒的初始热分解温度为221℃，620℃时分解完毕；221℃之前失重9%，是因为羽绒中的水分挥发引起的，221℃之后的失重是由于一些不稳定的官能团及化学键断裂[8-9]，低分子量物质的降解以及羽绒角蛋白受热分解成挥发性化合物如H_2O、CO_2、H_2S等和小分子物质引起的[10]。从图2-16可知，肉鸭羽绒初始热分解温度为220℃，590℃时分解完毕。比较老鸭和肉鸭两者曲线，两者初始热分解温度相当；在220～510℃之间，老鸭羽绒失重67%，肉鸭羽绒失重67.3%，且肉鸭羽绒的失重速率高于老鸭羽绒。由此可知，老鸭羽绒的热稳定性高于肉鸭羽绒。

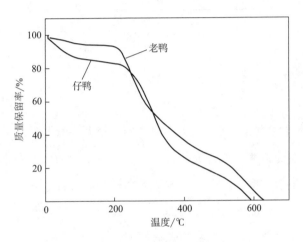

图 2-16　老鸭和肉鸭羽绒的热重分析

2.3.6　保暖性分析

　　羽毛、羽绒纤维的保暖性可通过对保温率、克罗值和传热系数等指标来评价。克罗值越大，传热系数越小，保暖性越好[11]。老鸭和肉鸭羽毛、羽绒保暖性见表2-2，由表2-2可知，老鸭羽毛的保温率为74.2%、克罗值为1.11clo、传热系数为5.8W·$(m^2·℃)^{-1}$；肉鸭羽毛的保温率为62.7%、克罗值为0.64clo、传热系数为9.94W·$(m^2·℃)^{-1}$；老鸭羽绒的保温率为84.7%、克罗值为2.3clo、传热系数为2.8W·$(m^2·℃)^{-1}$；肉鸭羽绒的保温率为75.1%、克罗值为1.25clo、传热系数为5.15W·$(m^2·℃)^{-1}$。因此，老鸭羽绒的保暖性大于肉鸭羽绒，肉鸭羽绒一般用于中低档羽绒制品中。

表 2-2　老鸭和肉鸭羽毛、羽绒保暖性

类别	测试参数		
	保温率 /%	克罗值 /clo	传热系数 / [W · (m² · ℃) ⁻¹]
老鸭羽毛	74.2	1.11	5.8
肉鸭羽毛	62.7	0.64	9.94
老鸭羽绒	84.7	2.30	2.80
肉鸭羽绒	75.1	1.25	5.15

2.4　结论

（1）本章主要采用EDS、FT-IR、XRD以及SEM等测试手段对老鸭和肉鸭羽毛的结构和性能进行表征，比较两者在结构和性能上的差异。老鸭和肉鸭羽毛主要包含C、N、O、S四种元素，老鸭羽毛中有明显的巯基基团，老鸭羽毛的结晶度大于肉鸭羽毛，老鸭羽毛羽枝轴和羽小枝的直径和长度均大于肉鸭羽毛，老鸭羽枝轴表面凹凸不平，存在深浅不一的凸起和内陷结构，表面沟槽径向较为明显，沟纹呈现无规律排列。肉鸭羽枝轴表面比较光滑，没有明显的径向沟槽和沟纹。老鸭和肉鸭羽毛羽小枝的表面较为粗糙，凹凸不平。老鸭羽毛的热稳定性和保暖性均优于肉鸭羽毛。

（2）肉鸭羽绒中S元素含量低，二硫键少，使得肉鸭羽绒强度低、粉尘含量高，影响其加工、服用性能。为了实现肉鸭羽绒的高值化利用，必须对其表面结构进行调控。

（3）老鸭鸭绒的结晶度大于肉鸭羽绒，因此，老鸭羽绒吸湿性低，蓬松性好。

（4）老鸭鸭绒分叉结构与肉鸭鸭绒有明显的区别。老鸭羽绒绒枝的数量、直径和长度均大于肉鸭羽绒，老鸭羽绒绒小枝的直径和长度均大于肉鸭羽绒，老鸭羽绒绒小枝中的三角形节点和叉状节点的大小、数量、节点之间的间距均大于肉鸭羽绒。这导致肉鸭鸭绒中夹持的空气少于老鸭鸭绒，肉鸭鸭绒的保暖性比老鸭鸭绒差。因此，肉鸭鸭绒一般用于中低档羽绒产品中。

参考文献

［1］高晶，于伟东，潘宁. 羽绒纤维的形态结构表征［J］. 纺织学报，2007，28（1）: 1-4.

［2］金阳，李薇雅. 羽绒纤维结构与性能的研究［J］. 毛纺科技，2000，（2）: 16-20.

［3］付贤文，高晶. 鹅，鸭绒纤维形态结构差异及对保暖性能的影响［J］. 纺织学报，2011，32（12）: 10-14.

［4］RAD Z P，TAVANAI H，MORADI A R. Production of feather keratin nanopowder through electrospraying［J］. Journal of Aerosol Science，2012，51（51）: 49-56.

［5］李长龙，刘琼，王宗乾，等. 羽毛绒水解工艺优化及其产物成膜性能［J］. 纺织学报，2014，35（7）: 23-29.

［6］GAO J，PAN N，YU W. A fractal approach to goose down structure［J］. International Journal of Nonlinear Sciences and Numerical Simulation，2006，7（1）: 113-116.

［7］高晶. 羽绒纤维及其集合体结构和性能的研究［D］. 上海: 东华大学，2006.

［8］MA B，QIAO X，HOU X，et al. Pure keratin membrane and fibers from chicken feather［J］. International journal of biological macromolecules，2016，89: 614-621.

［9］ZHANG Y，YANG R，ZHAO W. Improving digestibility of feather meal by steam flash explosion［J］. Journal of agricultural and food chemistry，2014，62（13）: 2745-2751.

［10］LI H，QI L，LI J. Preparation and warmth retention of down fiber grafted with zirconium oxychloride [J]. Journal of Engineered Fabrics & Fibers (JEFF), 2017, 12（2）: 1-11.

[11] 陈琳聿, 齐鲁. 吸附金属锆离子提高羽绒纤维保暖性研究 [J]. 毛纺科技, 2016, 44（6）: 50-53.

第3章 含环氧基羽毛接枝共聚物的研究

3.1 引言

甲基丙烯酸缩水甘油酯（GMA）是一种含有多官能团的丙烯酸酯衍生物，其分子结构中含有活泼的环氧基团，易与羧基（—COOH）、羟基（—OH）及氨基（—NH$_2$）等官能团发生开环反应，因此，将接枝有GMA的聚合物做进一步开环反应可制得各种功能性高分子材料。例如，利用GMA聚合物中环氧基团的开环反应，可制备用于重金属离子吸附的螯合材料[1]，用于分子识别的敏感材料[2]，用于构建药物缓控释体系的功能载体[3-4]等。

当前，利用羽毛来源丰富、无毒无害、生物相容性好、可自然降解、可再生的特点[5]，羽毛主要被制作成附加值较低的产品应用于日常的生活生产中，如饲料、肥料和体育用品等[6]。近年来，通过对羽毛进行化学改性，制备出功能性羽毛高分子材料，实现了对羽毛的高值化利用。例如，李长龙等[7]研究了将羽毛水解制得羽毛多肽膜，利用其优良的生物相容性拟应用于生物移植领域；Jin等[8]研究了丙烯酸甲酯在鸡毛表面的接枝聚合，开发出廉价和可生物降解的热塑性材料，作为石油产品的潜在替代品。

本研究为实现油溶性单体甲基丙烯酸缩水甘油酯（GMA）在水相中高效接枝到羽毛的表面，设计了新型表面引发接枝聚合方法。首先用巯基乙酸将羽毛中的二硫键还原成巯基，然后利用巯基的还原性与水溶液中的过硫酸钾构成氧化还原引发体系，以期实现GMA在羽毛表面接枝聚合。研究结果显示，在水溶液中巯基与过硫酸钾构成的氧化还原体系可在羽毛表面产生自由基，顺利引发GMA在羽毛表面接枝聚合。同时研究了GMA在羽毛表面接枝聚合的过程，考察了影响接枝聚合的主要影响因素和改性羽毛的热稳定性。

3.2 实验部分

3.2.1 实验材料与仪器

3.2.1.1 实验材料

羽毛，芜湖东隆羽毛制品有限公司；甲基丙烯酸缩水甘油酯（GmA）、无水乙醇、丙酮、巯基乙酸、十二烷基苯磺酸钠，化学纯，国药集团化学试剂有限公司；N,N-二甲基甲酰胺（DMF），化学纯，无锡市亚盛化工有限公司；过硫酸钾（KPS），化学纯，上海四赫维化工有限公司。

3.2.1.2 实验仪器

SHA-C型水浴恒温振荡器，江苏杰瑞尔电器有限公司；SA2003N型电子天平，常州市衡正电子仪器有限公司；IR Prestige-21型傅里叶变换红外光谱仪（FT-IR）；DTG-60H型微机差热天平，日本岛津公司；S-4800型扫描电子显微镜（SEM），日本日立公司。

3.2.2 实验方法

3.2.2.1 羽毛前处理

称取1g羽毛放入150mL的锥形瓶中，加入70mL 95%的乙醇，密封后在70℃下搅拌4h，然后取出水洗3次，在105℃下烘干至质量恒定，待用。

3.2.2.2 巯基化羽毛的制备

将前处理后的羽毛加入100mL的锥形瓶中，加入70mL DMF、1.29g巯基乙酸、0.16g十二烷基苯磺酸钠，通入氮气10min，在60℃下密闭振荡反应10h，反应结束后水洗3次，抽滤，制得含巯基的羽毛。

3.2.2.3 Feather-g-PGMA的制备

将上述巯基化的羽毛置于100mL的锥形瓶中，加入30mL蒸馏水、2.35gGMA，通入氮气15min，密封待反应体系温度上升到40℃时加入0.021g的引发剂KPS，恒温下振荡反应12h，反应结束后用丙酮索氏抽提24h，之后用无水乙醇、蒸馏水洗涤3次，105℃下烘干至质量恒定，计算接枝率。接枝率的计算式为：

$$G = \frac{m_1 - m_0}{m_0} \times 100\%$$

式中：G为羽毛接枝共聚物的接枝率（%）；m_0为原羽毛质量（g）；m_1为羽毛接枝共聚物的质量（g）。

3.2.2.4 Feather-g-PGMA 合成条件的优化

配置单体浓度为0.35mol/L的反应液，引发剂浓度为1.5mmol/L，控制反应温度分别为30℃、40℃、50℃、60℃、70℃，聚合反应时间为12h，探究反应温度对聚合物接枝率的影响。

配置单体浓度分别为0.25mol/L、0.35mol/L、0.45mol/L、0.55mol/L、0.65mol/L的反应液，引发剂浓度为1.5mmol/L，控制反应温度均为40℃，聚合反应时间均为12h，探究单体浓度对聚合物接枝率的影响。

配置单体浓度为0.55mol/L的反应液，引发剂浓度分别为0.5mmol/L、1.5mmol/L、2.5mmol/L、3.5mmol/L、4.5mmol/L的引发剂，控制反应温度均为40℃，聚合反应时间均为12h，探究引发剂浓度对聚合物接枝率的影响。

3.2.3 测试方法

3.2.3.1 化学结构测试

将干燥至质量恒定的羽毛、巯基化羽毛和feather-g-PGMA剪碎分别和KBr混合，经压片机压成透明薄片，采用日本岛津公司IR Prestige-21

型傅里叶变换红外光谱仪对试样进行红外光谱测试，测试范围为 $500 \sim 4000cm^{-1}$。

3.2.3.2　表面形貌测试

按扫描电子显微镜测试要求，制备羽毛和feather-g-PGMA样品，对待测的改性前后羽毛表面进行20s喷金处理，采用日立S-4800型扫描电子显微镜观察试样的表面形貌。

3.2.3.3　热稳定性测试

采用微机差热天平测量改性羽毛试样的热失重分析曲线。将干燥至质量恒定的羽毛和feather-g-PGMA剪碎，分别取2mg的羽毛样品，在氮气保护下测试羽毛样品质量与温度之间的关系，升温速率为10℃/min，气流量为20mL/min。

3.3　结果与讨论

3.3.1　GMA 在羽毛表面接枝聚合的过程

表面引发接枝法是在基质表面引入活性位点，使单体接枝聚合在基质表面。活性位点包括可聚合双键和引发基团等。使用引入可聚合双键对单体进行表面引发聚合时，首先引发剂受热分解产生自由基，然后引发溶液中单体形成单体自由基，最后再进一步形成聚合自由基，引发双键发生加成聚合反应。此聚合体系在引发单体接枝聚合时，聚合过程较长，聚合速率较慢，形成的接枝聚合物链较少，所以接枝率较低。与此同时，较慢的接枝聚合速率会使溶液中的单体大多消耗于自聚反应，进一步使接枝率降低[9]。

本研究将引发基团引入聚合体系中，首先利用巯基乙酸将羽毛表面的二硫键还原成巯基，然后使巯基与水溶液中的KPS组成氧化还原引发聚合体系，类似于巯基与偶氮二异丁腈的反应[10-11]，巯基的存在使KPS在较低的温度下（40℃）发生分解产生硫酸根自由基，巯基的氢原子被诱导转移到硫酸根自由基上，同时在羽毛表面产生大量的硫自由基，直接引发单体GMA在羽毛表面接枝聚合，形成高接枝率的羽毛接枝共聚物feather-g-PGMA。

3.3.2 羽毛表面接枝聚合的影响因素

3.3.2.1 温度

图3-1所示为GMA在羽毛表面接枝聚合时温度对接枝率的影响。由图中可以看出，当温度低于40℃时，接枝率随着反应体系温度的升高而不断增大；当温度高于40℃时，接枝率随着反应体系温度的升高而不断减小。这是由于—SH/ KPS组成的氧化还原体系产生自由基的同时具有一定的活化能，在温度低于40℃时，反应体系中的温度越高，氧化还原引发的速率越快，羽毛表面自由基浓度增加，聚合速率加快[12]，接枝率随之增大；当温度超过40℃时，KPS的分解速率也加快，导致GMA均聚反应增加，从而抑制了接枝聚合反应，使接枝率降低。故反应温度选择40℃。

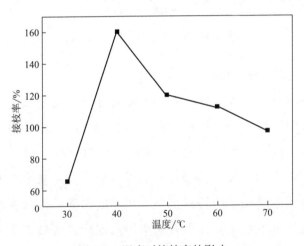

图 3-1 温度对接枝率的影响

3.3.2.2 单体浓度

图3-2所示为GMA在羽毛表面接枝聚合时单体浓度对接枝率的影响。从图中可以看出，接枝率随着单体浓度的增加呈现先增加后减小的趋势，当单体浓度为0.55mol/L时接枝率最大。这是由于随单体浓度的增加，GMA与巯基化羽毛接触结合概率增加，GMA在羽毛表面接枝聚合速率加

快，接枝率不断增加。当GMA浓度超过0.55mol/L时，高的单体浓度使聚合反应过快，以致在短时间内羽毛表面形成聚合物阻隔层[13]，严重阻碍了GMA在羽毛表面接枝聚合的进行，使接枝率降低，所以单体浓度选择0.55mol/L。

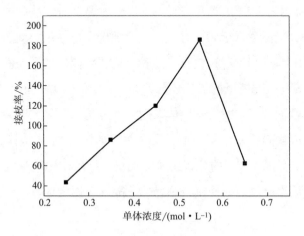

图 3-2　单体浓度对接枝率的影响

3.3.2.3　引发剂浓度

图3-3所示为GMA在羽毛表面接枝聚合时引发剂浓度对接枝率的影响。从图中可以看出，接枝率随着引发剂浓度的增加呈现先增大后减小的趋势，当引发剂浓度达到2.6mmol/L时接枝率最大。这是因为随着引发剂浓度的增加，溶液中KPS所产生的自由基浓度不断增大，对羽毛表面巯基氢原子的转移诱导作用不断增强，以致在羽毛表面产生的硫自由基也不断增多，聚合速率不断加快，接枝率不断增大。当引发剂浓度超过2.6mmol/L时，羽毛表面巯基氢原子的诱导转移速率过快，以致在羽毛表面产生的硫自由基浓度过高，从而使聚合反应速率加快，同时单体自聚反应速率也加快[14]，二者竞争的结果阻碍了GMA在羽毛表面接枝聚合的进行，使接枝率降低。故选择引发剂浓度为2.6mmol/L。

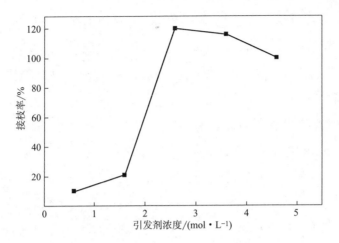

图 3-3　引发剂浓度对接枝率的影响

3.3.3　改性前后羽毛的化学结构分析

图3-4所示为羽毛、巯基化羽毛和feather-g-PGMA的红外光谱曲线图。图中红外光谱曲线a上3440cm⁻¹处为羟基的特征吸收峰，2934cm⁻¹处为C—H键特征吸收峰，1644cm⁻¹、1544cm⁻¹、1240cm⁻¹处分别为酰胺 I 带（C—O键伸缩振动）、酰胺 II 带（C—H键伸缩振动）、酰胺 III 带（C—N键伸缩振动）；特征吸收峰曲线b与a相比，在2360cm⁻¹处有一个新峰，这是羽毛中还原二硫键后形成的巯基峰。曲线c与b相比，在1730cm⁻¹、

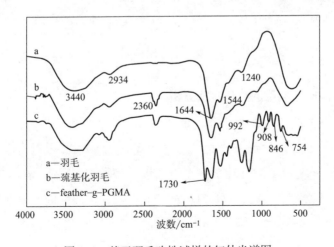

图 3-4　基于羽毛改性试样的红外光谱图

$992cm^{-1}$、$908cm^{-1}$、$846cm^{-1}$、$754cm^{-1}$处有新的峰出现，其中$1730cm^{-1}$处是酯基峰，$992cm^{-1}$、$908cm^{-1}$、$846cm^{-1}$、$754cm^{-1}$处是环氧基特征峰，综上所述，羽毛表面的二硫键被成功还原成巯基，GMA也成功接枝到羽毛的表面。

3.3.4 改性前后羽毛的表面形貌分析

图3-5所示为羽毛、feather-g-PGMA的扫描电镜照片。其中feather-g-PGMA用丙酮索氏提抽72h除去表面的反应物和副产物，再进行扫描电子显微镜观察。从图3-5（a）中可以看出，羽毛表面十分光滑，没有任何其他物质，图3-5（b）中羽毛的表面变得十分粗糙，可观察到其表面有层状物质覆盖，这是由于在巯基与KPS组成的氧化还原体系中油溶性单体GMA在羽毛表面接枝聚合，羽毛表面被大量的PGMA包裹。以上现象都表明了，GMA单体被成功地接枝到羽毛的表面。

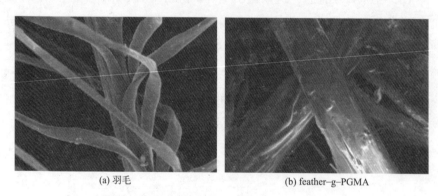

(a) 羽毛	(b) feather-g-PGMA

图 3-5　羽毛和 feather-g-PGMA 的扫描电镜图（放大 700 倍）

3.3.5 改性前后羽毛的热稳定性分析

图3-6所示为羽毛与feather-g-PGMA的热重曲线。从图中曲线a可以看出，羽毛的初始分解温度为220℃，在220~350℃区间羽毛分解速度较快，在350~590℃区间羽毛分解速度较慢，590℃时分解完毕。220℃之前质量损失17.4%，这是由于水分挥发引起的；220℃以后的质量损失是由于一些不稳定的官能团和低分子质量物质的降解以及羽毛角蛋白受热分解引起的。

从图中曲线 b 中可以看出，制备的羽毛接枝共聚物初始分解温度为 223℃，在 223～400℃ 区间羽毛分解速度较快，400～532℃ 区间羽毛分解速度较慢，532℃ 时分解完毕。与羽毛相比，feather-g-PGMA 的热稳定性变差，这是由于用巯基乙酸还原羽毛表面的二硫键和在羽毛表面接枝 GMA 对羽毛的结晶结构都产生了破坏，因此热稳定性下降。

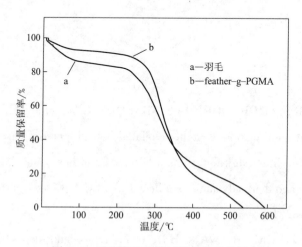

图 3-6　基于羽毛改性试样的热重分析

3.4　结论

（1）采用巯基乙酸对羽毛表面进行改性，使羽毛表面的二硫键被还原成巯基，与水溶液中的 KPS 组成氧化还原引发聚合体系，实施了油溶性单体 GMA 在羽毛表面的接枝聚合，获得了高接枝率的羽毛接枝共聚物——feather-g-PGMA。

（2）巯基—KPS 构成的氧化还原表面引发聚合体系能够顺利地引发 GMA 在羽毛表面接枝聚合。在接枝聚合过程中，若温度高于 40℃，会加快 KPS 的分解速率，使能够参与氧化还原引发反应的 KPS 分子减少，导致 GMA 在羽毛表面的接枝聚合速率减慢，接枝率也随之降低，因此反应的最适温度为40℃。同样在接枝聚合过程中，若单体引发剂用量过多，会导致羽毛表面在较短时间内形成聚合物阻隔层，单体自聚反应也加剧，从而接枝率降低，所以单体浓度选择0.55mol/L，引发剂浓度选择2.6mmol/L。

（3）本文研究在最佳接枝聚合反应条件下可制得接枝率为185.8%的羽毛接枝共聚物feather-g-PGMA，其热稳定性与羽毛相比降低。

参考文献

［1］RADIAB S，TIGHADOUINIA S，BACQUETC M，et al. Fabrication and covalent modification of highly chelated hybrid material based on silica-bipyridine framework for efficient adsorption of heavy metals：isotherms，kinetics and thermodynamics studies［J］. RSC Advances，2016，6（86）：82505-82514.

［2］XIE R，ZHANG S B，WANG H D，et al. Temperature-dependent molecular-recogni-zabl membranes based on poly（N-isopropylacrylamide）and β-cyclodextrin［J］. Journal of Membrane Science，2009，326（2）：618-626.

［3］NAVA-ORTIZ C A B，GUILLERMINA B，ANGEL C，et al. Cyclodextrin-functionalized biomaterials loaded with miconazole prevent Candida albicans biofilm formation in vitro［J］. Acta Biomaterialia，2009，6（4）：1398-1404.

［4］NAVA-ORTIZ C A B，ALVAREZ-LORENZO C，BUCIO E，et al. Cyclodextrin-functionalized polyethylene and polypropylene as biocompatible materials for diclofenac delivery［J］. International Journal of Pharmaceutics，2009，382（1）：183-191.

［5］李鹏飞，洪颖，陈双春，等. 角蛋白的提取及其生物医学应用［J］. 高分子通报，2013（6）：7-11.

［6］郭清兵，莫瑞奕，何明，等. 羽毛角蛋白的提取与应用［J］. 仲恺农业工程学院学报，2017，30（2）：1-6.

［7］李长龙，刘琼，王宗乾，等. 羽毛绒水解工艺优化及其产物成膜性能［J］. 纺织学报，2014，35（7）：23-29.

［8］JIN E Q，NARENDRA R，ZHU Z F，et al. Graft polymerization of native chicken feathers for thermoplastic applications［J］. Journal of Agricultural and Food Chemistry，2011，59（5）：1729-1738.

［9］施雪军，高保娇，赵兴龙，等. 采用巯基—BPO 氧化还原引发体系实现 GMA 在硅胶微粒表面的高效接枝聚合［J］. 化学研究与应用，2012，24（10）：1514-1521.

［10］GUAN Z，XIAO M，WANG S，et al. Synthesis and characterization of poly（aryl ether ketone）ionomers with sulfonic acid groups on pendant aliphatic chains for proton-exchange membrane fuel cells［J］. European Polymer Journal，2010，46（1）：81-91.

［11］曹林交，高保娇，胡伟民. 构建巯基—AIBN 表面引发聚合体系的构建及其在羽毛表面接枝的应用体系制备接枝微粒 PGMA-SiO2 及其功能性转变的研究［J］. 功能高分子学报，2013，26（3）：223-230.

［12］SHI Z，REDDY N，HOU X L，et al. Tensile properties of thermoplastic feather films grafted with different methacrylates［J］. ACS Sustainable Chemistry and Engineering，2014，2（2）：1849-1856.

［13］JASIM M A. KARAWI A，ZYAD H，et al. Investigation of poly（methyl acrylate）grafted chitosan as a polymeric drug carrier［J］. Polymer Bulletin，2014，71（7）：1575-1590.

［14］江崃，朱小行，沈一峰，等. 过硫酸钾 - 连二亚硫酸钠氧化还原体系在蚕丝接枝增重上的应用［J］. 纺织学报，2013，34（1）：50-55.

第4章 植酸改性含环氧基羽毛接枝共聚物的研究

4.1 引言

随着工业化进程的加快，重金属在环境中不断地循环和积累，给环境带来极大的危害，因此，研究高性能吸附剂将其从环境中去除，已经成为当前社会的一个研究热点[1-2]。目前铅离子的去除方法主要有膜分离法[3]、离子交换法[4]、吸附法[5]和电化学沉积法[6]等。其中，吸附法以其环境友好、操作简单、实用性强等特点，成为水中铅离子去除的最有效方法之一。

植酸（PA）及植酸盐是一种低廉的天然材料，广泛存在于豆类、玉米、糙米、芝麻、小麦麸皮等植物种子和花粉中，其所含的6个磷酸盐官能团的独特结构赋予了其极强的螯合能力。又因为其无毒、无臭、无害、无副作用，广泛应用于食品、医药、金属防腐、日化、环境修复等各个领域[7]。

螯合吸附材料吸附机理是利用固体基质表面的螯合基团与重金属离子之间形成强的配位作用[8]。与利用静电作用进行重金属离子吸附的离子交换树脂相比[9]，螯合吸附材料与重金属离子之间的作用力更强，选择性更高。因此，螯合吸附材料可运用于废水中去除重金属离子、金属离子的分离与纯化以及贵重金属离子的回收等[10-12]。

本研究以羽毛接枝共聚物feather-g-PGMA为原料，以植酸为功能化改性剂，通过环氧基开环反应，实现在feather-g-PGMA的表面引入磷酸根基团，从而制得含有高密度磷酸根基团的羽毛吸附材料。本研究重点研究了羽毛吸附材料的制备过程、影响羽毛吸附材料吸附量的主要因素及其热力学性能，类似研究尚鲜见文献报道。

4.2　实验部分

4.2.1　实验材料与仪器

4.2.1.1　实验材料

羽毛，芜湖东隆羽毛制品有限公司；植酸，分析纯，淮南天力生物工程开发有限公司；甲基丙烯酸缩水甘油酯（GMA）、无水乙醇、丙酮、巯基乙酸、十二烷基苯磺酸钠、硝酸铅［$Pb(NO_3)_2$］、乙二胺四乙酸二钠（EDTA）、二甲酚橙、冰醋酸、醋酸钠，化学纯，国药集团化学试剂有限公司；N，N-二甲基甲酰胺（DMF），化学纯，无锡市亚盛化工有限公司；过硫酸钾（KPS），化学纯，上海四赫维化工有限公司。

4.2.1.2　实验仪器

SHA-C型水浴恒温振荡器，江苏杰瑞尔电器有限公司；SA2003N型电子天平，常州市衡正电子仪器有限公司；IR Prestige-21型傅里叶变换红外光谱仪（FT-IR）；DTG-60H型微机差热天平，日本岛津公司；S-4800型扫描电子显微镜（SEM），日本日立公司。

4.2.2　实验方法

4.2.2.1　羽毛前处理

称取1g羽毛加入盛有70mL 95%乙醇的圆底烧瓶中，密封后于70℃下搅拌4h，然后用蒸馏水洗涤3次，在105℃下烘干至恒重待用。

4.2.2.2　巯基化羽毛的制备

将前处理后的羽毛，加入盛有70mL DMF、1.29g巯基乙酸、0.06g十二烷基苯磺酸钠的锥形瓶中，在氮气氛围下于60℃密闭恒温振荡10h，待反应结束后，用蒸馏水反复洗涤，之后抽滤得到巯基化羽毛。

4.2.2.3　羽毛接枝共聚物feather-g-PGMA的制备

将巯基化的羽毛加入盛有30mL蒸馏水、2.35gGMA的圆底烧瓶中，通入氮气，密封待温度上升到40℃时，加入0.021g的引发剂KPS，恒温下振荡反应12h，反应结束后，产物用丙酮索氏抽提24h，除去表面均聚物和未反应的单体，之后用无水乙醇、蒸馏水洗涤3次，105℃下烘干至质量恒定，待用。

4.2.2.4　羽毛吸附材料的制备

将制得的feather-g-PGMA羽毛接枝共聚物，放入盛有25%植酸溶液的锥形瓶中，密封后在70℃下反应4h，反应结束后，用蒸馏水洗涤3次，在105℃下烘干至质量恒定，得到植酸改性的羽毛吸附材料。

4.2.2.5　羽毛吸附材料吸附量的主要影响因素

以未改性feather-g-PGMA的铅离子吸附量作为空白对照，控制反应温度为60℃，反应时间为3h，考察不同的植酸浓度（10%，15%，20%，25%，30%，35%，40%，45%）对改性feather-g-PGMA吸附性能的影响。

控制植酸浓度为25%，反应时间为3h，考察不同的反应温度（40℃，50℃，60℃，70℃，80℃）对植酸改性feather-g-PGMA吸附性能的影响。

控制植酸浓度为25%，反应温度为70℃，考察不同的反应时间（1h，2h，3h，3h）对植酸改性feather-g-PGMA吸附性能的影响。

4.2.2.6　羽毛吸附材料对Pb^{2+}的吸附实验

移取100mL 0.3g/L的$Pb(NO_3)_2$溶液于锥形瓶中，并加入0.25g羽毛吸附材料，密封置于30℃恒温水浴振荡器中，吸附一定时间，从锥形瓶中准确移取10mL待测溶液至50mL烧杯中，加入2滴2g/L的二甲酚橙和10mL pH为5.5的醋酸/醋酸钠缓冲溶液。用0.2mmol/L的EDTA标准溶液进行滴定，当溶液颜色由紫红色变成亮黄色时，记录EDTA的消耗量。Pb^{2+}吸附量可根据下式计算：

$$Q=\frac{(\rho_0-\rho_1)\,V_{Pb(NO_3)_2}}{m_f} \tag{4-1}$$

$$\rho_0=\frac{C_{Pb(NO_3)_2}M_{Pb^{2+}}}{M_{Pb(NO_3)_2}} \tag{4-2}$$

$$\rho_1=\frac{C_{EDTA}V_1M_{Pb^{2+}}}{V_0} \tag{4-3}$$

式中：Q 为羽毛吸附材料对铅离子的吸附量（mg/g）；ρ_0 为铅离子的初始质量浓度（g/L）；ρ_1 为待测液铅离子的质量浓度（g/L）；V_0 为待测液体积（mL）；$V_{Pb(NO_3)_2}$ 为浸渍羽毛吸附材料的硝酸铅体积（mL）；V_1 为EDTA滴定的消耗量（mL）；m_f 为羽毛吸附材料的质量（g）；$C_{Pb(NO_3)_2}$ 为硝酸铅的质量浓度（g/L）；C_{EDTA} 为EDTA标准液的浓度（mol/L）；$M_{Pb^{2+}}$ 为铅离子摩尔质量（g/mol）；$M_{Pb(NO_3)_2}$ 为硝酸铅的摩尔质量（g/mol）。

4.2.3　测试方法

采用日本岛津公司IR Prestige-21型傅里叶变换红外光谱仪对试样进行红外光谱测试。将干燥至恒重的羽毛、巯基化羽毛、feather-g-PGMA和植酸改性后的feather-g-PGMA剪碎分别和KBr混合，经压片机压成透明薄片，测试范围500～4000cm^{-1}。

采用德国布鲁克公司X射线（粉末）衍射仪（D8系列）对样品进行测试。将干燥至恒重的待测样品剪成粉末，采用CuKα辐射，管压为40kV，管流为300mA，2θ 值范围为5°～60°。结晶度的计算式如下：

$$X_C=\frac{S_C}{S_A+S_C}\times100\%$$

式中：X_C 为结晶度；S_C 为结晶峰面积；S_A 为非结晶峰面积。

采用日本岛津公司（DTG-60H型）微机差热天平测量改性羽毛试样的热学性能。将干燥至恒重的羽毛、feather-g-PGMA和植酸改性后的feather-g-PGMA剪碎，分别取2mg的羽毛样品，在氮气的保护下测试羽毛样品质量与温度之间的关系，升温速率为10℃/min，气流量为20mL/min。

4.3　结果与讨论

4.3.1　羽毛吸附材料的制备过程

通过表面引发接枝聚合与环氧基开环反应，制得羽毛吸附材料。

（1）利用巯基乙酸将羽毛表面的二硫键还原成巯基。由巯基与水溶液中的KPS组成表面引发氧化还原体系。巯基的存在，使KPS在较低的温度下（40℃）发生分解产生硫酸根自由基，与此同时，硫酸根自由基夺去巯基的氢原子，导致在羽毛表面产生大量的硫自由基[13-14]，直接引发单体GMA在羽毛表面接枝聚合，得到羽毛接枝共聚物feather-g-PGMA。

（2）在植酸存在下，利用羽毛接枝共聚物feather-g-PGMA中环氧基的开环反应，将植酸中的磷酸根基团键合到feather-g-PGMA的表面，制得表面含有高密度磷酸根的羽毛吸附材料。功能性螯合吸附材料的制备过程如图4-1所示。

4.3.2　化学结构分析

图4-2所示为羽毛、巯基化羽毛、feather-g-PGMA和植酸改性feather-g-PGMA的红外光谱曲线图。图中3440cm^{-1}处为羟基的特征吸收峰，2934cm^{-1}处是C—H键特征吸收峰，1644^{-1}、1544^{-1}、1240cm^{-1}处分别是酰胺Ⅰ带（C＝O键伸缩振动峰）、酰胺Ⅱ带（N—H键伸缩振动峰）、酰胺Ⅲ带（C—N键伸缩振动峰）。图中巯基化羽毛与羽毛相比在2360cm^{-1}处有一个新峰，这是羽毛中还原二硫键后形成的巯基峰。Feather-g-PGMA与巯基化羽毛相比在1730^{-1}、992^{-1}、908^{-1}、846^{-1}、754cm^{-1}处有新的峰出现，其中1730cm^{-1}处是酯基峰，992^{-1}、908^{-1}、846^{-1}、754cm^{-1}处是环氧基特征峰，说明GMA成功接枝到羽毛上。植酸改性feather-g-PGMA与feather-g-PGMA相比，992^{-1}、908^{-1}、846^{-1}、754cm^{-1}处的环氧基峰基本消失，说明

环氧基与植酸发生了交联反应，即植酸成功改性feather-g-PGMA。

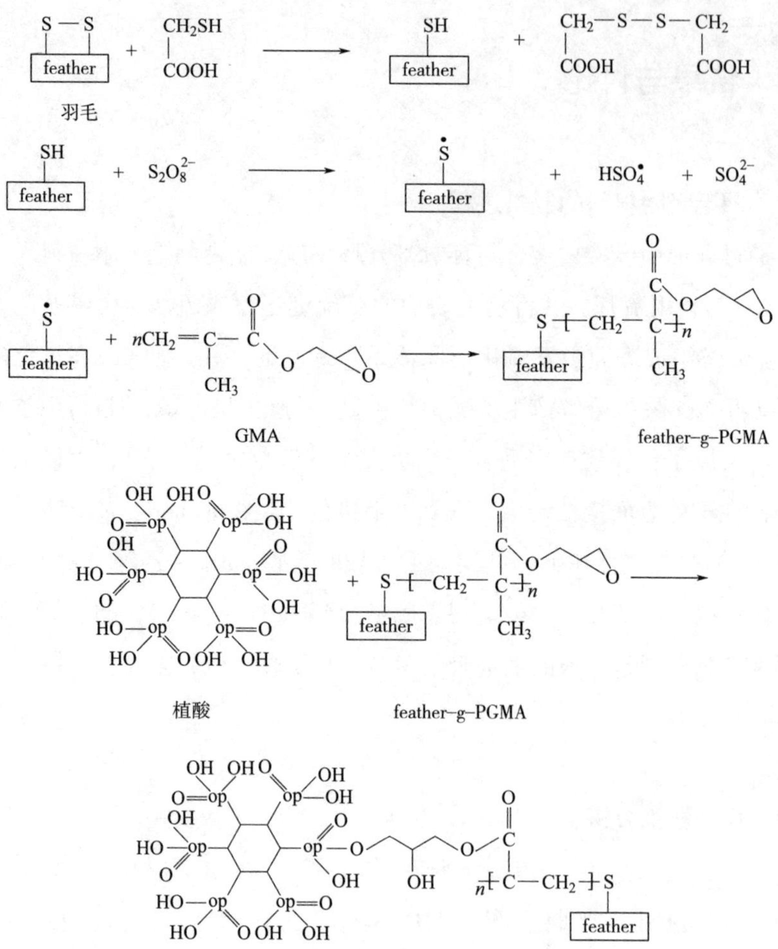

图4-1　功能性螯合吸附材料的制备过程

4.3.3　结晶度分析

羽毛、巯基化羽毛和羽毛接枝共聚物的XRD图谱如图4-3所示。从图中可以看出，三者的晶体结构基本没有发生变化，在9.8°（晶面间距0.98nm）和19.8°（晶面间距0.47nm）处各有一个衍射峰，此双衍射峰分别对应羽毛角蛋白中的α-螺旋结构和β-折叠结构。由结晶度计算式可得到羽毛、巯基化羽毛、羽毛接枝共聚物feather-g-PGMA的结晶度分别为

54.6%、35.4%、27.8%。由此可知，与羽毛相比，巯基化羽毛和羽毛接枝共聚物的结晶度下降。

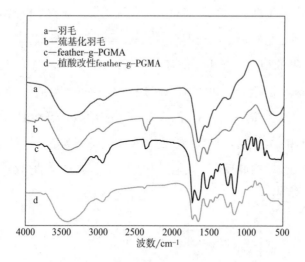

图 4-2　基于羽毛改性试样的红外光谱图

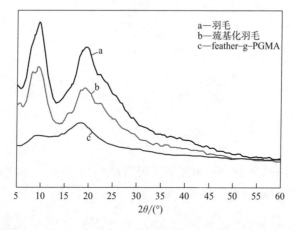

图 4-3　羽毛、巯基化羽毛和羽毛接枝共聚物的 XRD 图谱

4.3.4　热稳定性分析

图 4-4 所示为羽毛改性试样的热重分析曲线图。从图中可以看出，羽毛的初始分解温度为 220℃，在 220～350℃羽毛分解速率较快，在 350～590℃羽毛分解速率较慢，590℃时分解完毕。220℃之前失重

17.4%，是由于水分挥发引起的；220℃以后的失重是由一些不稳定的官能团和低分子量物质的降解以及羽毛角蛋白受热分解引起的。羽毛接枝共聚物的初始分解温度为230℃，532℃时分解完毕，与羽毛相比，羽毛接枝共聚物的热稳定性变差，这是由于用巯基乙酸还原二硫键和在羽毛表面接枝GMA对羽毛的结晶区产生了破坏，两者结晶度下降。植酸改性feather-g-PGMA的初始分解温度为230℃，561℃分解完毕。与羽毛相比，植酸改性feather-g-PGMA的热稳定性下降；与羽毛接枝共聚物相比，植酸改性feather-g-PGMA的热稳定性有一定的提高，这是因为羽毛接枝共聚物中的环氧基与植酸发生交联反应，可在一定程度上提高产物的热稳定性。

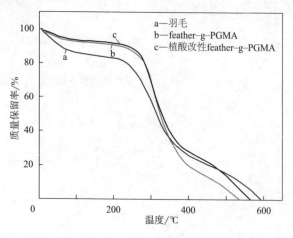

图4-4　基于羽毛改性试样的热重曲线

4.3.5　影响羽毛吸附材料吸附量的主要因素

4.3.5.1　植酸用量

植酸用量对羽毛吸附材料（feather-g-PGMA与植酸的反应产物）吸附量的影响如图4-5所示。从图中可以看出，随着植酸用量的增加，羽毛吸附材料的吸附量逐渐增加，但增加的幅度越来越小。这是因为功能化之后的羽毛接枝共聚物含有磷酸根基团，随着植酸用量的增加，羽毛接枝共聚物上越来越多的环氧基参与反应，当植酸用量达到25%时，羽毛接枝共聚物上功能性磷酸根基团的数目趋于饱和，吸附量增加较为缓慢。因此，功能化改性的最佳植酸用量为25%。

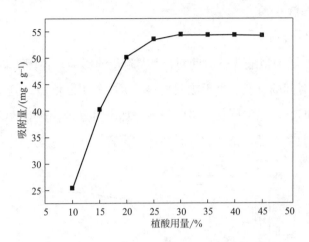

图 4-5　植酸用量对羽毛吸附材料吸附量的影响

4.3.5.2　温度

温度对羽毛吸附材料吸附量的影响如图4-6所示。从图中可以看出，羽毛吸附材料的吸附量随着温度的升高总体呈上升趋势，这是由于温度的升高有利于植酸与羽毛接枝共聚物中的环氧基发生化学交联，从而增加更多的化学吸附位点；但当温度升高到70℃以上时，羽毛吸附材料的吸附量有所下降，这是由于温度较高时羽毛接枝共聚物分子间由于交联程度的加

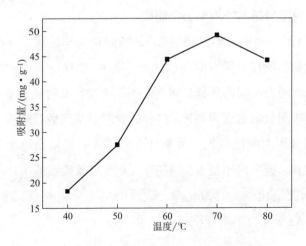

图 4-6　温度对羽毛吸附材料吸附量的影响

深，导致磷酸根基团减少，从而使羽毛吸附材料的吸附量降低。故植酸改性温度选择70℃为宜。

4.3.5.3　时间

图4-7所示为植酸改性时间对Pb²⁺吸附量的影响。由图可以看出，随着植酸改性时间的延长，羽毛吸附材料的吸附量不断增加，但当植酸改性时间超过4h时，羽毛吸附材料吸附量的增加不再显著，从能效的损耗和生产成本的方面来考虑，植酸改性时间选4h为宜。

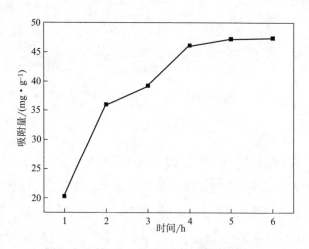

图 4-7　时间对羽毛吸附材料吸附量的影响

4.3.6　羽毛吸附材料的吸附动力学曲线

图4-8所示为羽毛吸附材料对Pb²⁺的吸附动力学曲线。从图中可以看出，在吸附初始阶段，随着时间的增大，羽毛吸附材料对Pb²⁺的吸附量迅速增大；之后随着时间的延长，吸附趋于平缓，在3h时达到平衡。故吸附初期，羽毛吸附材料表面可与Pb²⁺螯合的磷酸根基团数目较多，故吸附速率快；随着吸附时间的延长，可螯合吸附的磷酸根基团越来越少，吸附位点趋于饱和，饱和吸附量为54.4mg/g。高于焦亚硫酸钠（11.16mg/g）、氢氧化钠和二硫化碳（19.9mg/g）改性的羽毛吸附材料以及羽毛多肽/P（MA-co-AA）复合纳米纤维膜（33.46mg/g）[15-17]。

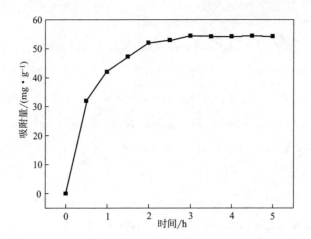

图 4-8　羽毛吸附材料对 Pb^{2+} 的吸附动力学曲线

4.4　结论

（1）以羽毛接枝共聚物feather-g-PGMA为原料，以植酸为功能化改性剂，通过feather-g-PGMA中环氧基团的开环反应，将植酸中的磷酸根基团引入feather-g-PGMA表面，制得含高密度磷酸根基团的羽毛吸附材料。

（2）植酸改性的最适温度为70℃，反应时间为4h，用量为25%。

（3）在最佳植酸改性条件下可制得吸附量为54.4mg/g的羽毛吸附材料，高于焦亚硫酸钠、氢氧化钠和二硫化碳改性的羽毛吸附材料以及羽毛多肽/ P（MA-co-AA）复合纳米纤维膜。其热稳定性与羽毛相比降低，与feather-g-PGMA相比增强。

参考文献

［1］LI B Y，ZHANG Y M，MA D X，et al. Mercury nano-trap for effective and efficient removal of mercury（Ⅱ）from aqueous solution ［J］. Nature

Communications，2014，5（5）：5537.

［2］ZHU G C，ZHANG C Y. Functional nucleic acid-based sensors for heavy metal ion assays［J］. Analyst，2014，139（24）：6326-6342.

［3］TAN P，HU Y Y，BI Q. Competitive adsorption of Cu^{2+}，Cd^{2+} and Ni^{2+} from an aqueous solution on graphene oxide membranes［J］. Colloids and Surfaces A：Physicochemical and Engineering Aspects，2016，（509）：56-64.

［4］KIM J，KWAK S Y. Efficient and selective removal of heavy metals using microporous layered silicate AMH-3 as sorbent［J］. Chemical Engineering Journal，2016，（313）：975-982.

［5］MENDE M，SCHWARZ D，STEINBACH C，et al. Simultaneous adsorption of heavy metal ions and anions from aqueous solutions on chitosan：Investigated by spectrophotometry and SEM-EDX analysis［J］. Colloids and Surfaces A：Physicochemical and Engineering Aspects，2016，（510）：275-282.

［6］SEENIVASAN R，CHANG W J，GUNASEKARAN S. Highly sensitive detection and removal of lead ions in water using cysteine-functionalized graphene oxide/polypyrrole nanocomposite film electrode［J］. ACS Applied Materials & Interfaces，2015，7（29）：15935-15943.

［7］李鹏，唐春红. 植酸的提取及其应用新进展［J］. 化工中间体，2011，7（1）：19-24.

［8］徐旸，张永奇，黄小卫，等. 螯合吸附材料 ASA-PGMA/SiO₂ 对稀土离子的吸附性能研究［J］. 中国稀土学报，2012，30（5）：538-544.

［9］KALAIVANI S. S，MUTHUKRISHNARAJ A，SIVANESAN S，et al. Novel hyperbranched polyurethane resins for the removal of heavy metal ions from aqueous solution［J］. Process Safety and Environmental Protection，2016，（104）：11-23.

［10］JIANG J，MA X S，XU L Y，et al. Applications of chelating resin for heavy metal removal from wastewater [J]. e–Polymers, 2015, 15 (3): 161–167.

[11] ZELIYHA C, MUSTAFA G, OSMAN A A. Synthesis of a novel dithiooxamide–formaldehyde resin and its application to the adsorption and separation of silver ions [J]. Journal of Hazardous Materials, 2009, 174 (3): 556–562.

[12] ATIA A A, DONIA A M, HENIESH A M. Adsorption of silver and gold ions from their aqueous solutions using a magnetic chelating resin derived from a blend of bisthiourea/thiourea/glutaraldehyde [J]. Separation Science and Technology, 2014, 49 (13): 2039–2048.

[13] 曹林交, 高保娇, 胡伟民. 构建巯基 –AIBN 表面引发体系制备接枝微粒 PGMA–SiO$_2$ 及其功能性转变的研究 [J]. 功能高分子学报, 2013, 26 (3): 223–230.

[14] 孟建, 陈璐璐, 李延斌, 等. 非水介质中表面引发接枝聚合法制备接枝微粒 PMAA/SiO$_2$ 及其对阿魏酸的氢键吸附性能 [J]. 过程工程学报, 2015, 15 (4): 646–652.

[15] 陶嘉诚, 李浩, 谭涵文, 等. 羽毛对 Pb^{2+} 的吸附与解吸附性能研究 [J]. 产业用纺织品, 2014, (1): 22–27.

[16] 徐锁洪, 严滨. 改性羽毛对重金属吸附性能的研究 [J]. 工业水处理, 1999, 19 (6): 27–28, 48.

[17] 周磊, 李长龙, 刘新华. P (MA–AA) / 羽毛多肽复合纳米纤维膜吸附铅离子的性能研究 [J]. 广东石油化工学院学报, 2014, (3): 14–18.

第5章 含聚丙烯酸丁酯刷的羽毛接枝共聚物的研究

5.1 引言

羽毛作为一种价格低廉、无毒无害的天然角蛋白纤维，具有难溶于水、难被分解的特点，同时其表面含有大量的活性基团[1-3]，这为羽毛的改性提供了可能。杨崇岭等[4]研究了单宁酸对羽毛化学改性后Zn^{2+}的吸附性能。谭盈盈[5]在羽毛角蛋白的微生物水解技术的研究过程中筛选出了高产角蛋白酶菌株。王海洋等[6]从羽毛中提取角蛋白与羧甲基纤维素钠共混，制得具有良好力学性能和透湿性能的生物质复合膜。

电子转移活化再生催化剂原子转移自由基聚合（ARGET ATRP）是一种新型的原子转移自由基聚合（ATRP）方法，具有 ATRP 的所有优点，且大大降低了金属催化剂用量。由于还原剂的存在，微量的氧对反应不会造成影响，省去了活性/可控自由基聚合中的除氧操作[9-11]。ARGET ATRP法是在反应体系中加入过量的还原剂使Cu^{2+}持续不断地被还原为Cu^+，从而大大减少了催化剂的用量，并能在反应体系中存在微量氧的条件下使反应正常进行[7-8]。

本研究采用2–溴异丁酰溴（BiBB）与羽毛反应，使其表面引入引发基团，然后利用ARGET ATRP使丙烯酸丁酯（BA）在羽毛大分子引发剂表面自增长，制得含聚丙烯酸丁酯刷的羽毛接枝共聚物。

5.2 实验部分

5.2.1 实验材料与仪器

5.2.1.1 实验材料

羽毛，芜湖东隆羽绒制品有限公司；四氢呋喃（用 4A 分子筛除水）、4-二甲氨基吡啶、溴化铜（$CuBr_2$）、五甲基二乙烯基三胺（PMDETA），分析纯，上海阿拉丁生化科技股份有限公司；2-溴异丁酰溴（98%）、丙酮，国药集团化学试剂有限公司；三乙胺、抗坏血酸（Vc）、N, N-二甲基甲酰胺（DMF）、丙烯酸丁酯（BA），分析纯，成都西亚化工股份有限公司。

5.2.1.2 实验仪器

SHA-C型水浴恒温振荡器，江苏杰瑞尔电器有限公司；电子天平（SA2003N型），常州市衡正电子仪器有限公司；IR Prestige-21型傅里叶变换红外光谱仪（FT-IR），日本岛津公司。

5.2.2 实验方法

5.2.2.1 羽毛大分子引发剂制备

取0.16g的羽毛，经丙酮、四氢呋喃润洗过滤后备用。在100mL的圆底烧瓶中加入0.15g的4-二甲氨基吡啶，取45mL的四氢呋喃放入烧瓶将4-二甲氨基吡啶溶解，并加入1.6mL的三乙胺，将羽毛放入烧瓶中搅拌，待溶液均匀后，冰浴条件下逐滴加入1mL的2-溴异丁酰溴，然后充入氮气15min密封封闭，将温度升高至60℃振荡反应24h。反应后的产物经无水乙醇润洗后，40℃下真空干燥24h后至质量恒定保存，即制得羽毛大分子引发剂。

5.2.2.2 丙烯酸丁酯在羽毛表面接枝聚合

在50mL圆底烧瓶中加入10mL的DMP，然后依次加入0.008g（0.036mmol）

CuBr$_2$、2.38μL（0.18mmol）PMDETA以及0.0063g（0.036mmol）Vc，搅拌均匀，加入6.75g（0.0527mol）丙烯酸丁酯，加入预先制得的羽毛大分子引发剂，通入氮气15min，密封后置于振荡水浴锅60℃反应8h。产物经去离子水、无水乙醇、丙酮润洗抽滤，在60℃下真空干燥至质量恒定，即制得聚丙烯酸丁酯刷的羽毛接枝共聚物。

5.2.2.3　Feather-g-PBA 合成条件的优化

在50mL圆底烧瓶中加入10mL的DMF，依次加入0.008g（0.036mmol）CuBr$_2$、2.38μL（0.18mmol）PMDETA以及0.0063g（0.036mmol）Vc，配置单体浓度分别为1.0mol/L、2.0mol/L、3.0mol/L、3.5mol/L、4.0mol/L的反应液，控制反应温度均为60℃，聚合反应时间均为8h，探究单体浓度对聚合物接枝率的影响。

在50mL圆底烧瓶中加入10mL的DMF，依次加入0.008g（0.036mmol）CuBr$_2$、2.38μL（0.18mmol）PMDETA以及0.0063g（0.036mmol）Vc，控制单体浓度为3.5mol/L，聚合反应时间均为8h，选择反应温度分别为30℃、40℃、50℃、60℃、70℃，探究反应温度对聚合物接枝率的影响。

在50mL圆底烧瓶中加入10mL的DMF，依次加入0.008g（0.036mmol）CuBr$_2$、2.38μL（0.18mmol）PMDETA以及0.0063g（0.036mmol）Vc，控制单体浓度为3.5mol/L，聚合反应温度均为60℃，选择反应时间分别为2h、4h、6h、8h、12h，探究反应时间对聚合物接枝率的影响。

配置催化剂浓度分别为0.8mol/L、1.2mol/L、1.8mol/L、2.0mol/L、2.2mol/L的反应液，控制单体浓度为3.5mol/L，聚合反应温度均为60℃，聚合反应时间均为8h，探究催化剂浓度对聚合物接枝率的影响。

配置PMDETA与CuBr$_2$物质的量配合比为2∶1、3∶1、4∶1、5∶1、6∶1的反应液，控制单体浓度为3.5mol/L，催化剂浓度为1.8mol/L，反应温度均为60℃，聚合反应时间均为8h，探究配置PMDETA与CuBr$_2$物质的量配合比对聚合物接枝率的影响。

配置Vc与CuBr$_2$物质的量配合比为1∶0.5、1∶1、1∶2、1∶3、1∶4的反应液，控制单体浓度为3.5mol/L，催化剂浓度为1.8mol/L，PMDETA

与$CuBr_2$物质的量配合比为1∶1，反应温度均为60℃，聚合反应时间均为8h，探究配置Vc与$CuBr_2$摩尔配合比对聚合物接枝率的影响。

5.2.3　测试方法

采用日本岛津公司IR Prestige–21型傅里叶变换红外光谱仪对样品进行测试，溴化钾压片法制样，扫描范围为500～4000cm^{-1}。

5.3　结果与讨论

5.3.1　羽毛表面接枝聚合的影响因素

5.3.1.1　单体浓度

单体浓度对样品接枝率的影响如图5-1所示。从图中可以看出，在其他条件不变的情况下，随着丙烯酸丁酯单体浓度的增大，聚丙烯酸丁酯刷的羽毛接枝共聚物的接枝率也在不断增大。这是由于在保证其他反应条件不变的情况下，反应体系中自由基浓度是一定的，在增大丙烯酸丁酯单体浓度时，可以使羽毛表面引发基团与更多单体发生反应。但从图中可以

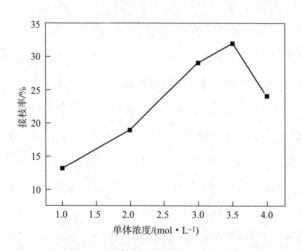

图 5-1　单体浓度对接枝率的影响

看出，当单体浓度进一步增大时羽毛接枝率增加的幅度变缓，这是因为在引发剂浓度一定的情况下，单体与引发剂和催化剂的比例下降，活性中心也随之减少，所以聚合速率明显降低[9]。单体浓度为3.5mol/L时，聚丙烯酸丁酯刷的羽毛接枝共聚物的接枝率最高，达到32%；但当单体浓度超过3.5mol/L时，接枝率下降，这是因为单体浓度过高，单体均聚反应增加，减少了单体利用率，产生的均聚物会覆盖在羽毛表面，阻碍接枝反应的发生[10]。同时从成本方面考虑，单体浓度不宜太高。因此，选取单体用量为3mol/L最合适。

5.3.1.2 催化剂浓度

催化剂浓度对样品接枝率的影响如图5-2所示，从图中可以看出，在其他条件不变的情况下，聚丙烯酸丁酯刷的羽毛接枝共聚物的接枝率随催化剂$CuBr_2$浓度的增加，呈现先增加后减小的趋势，$CuBr_2$浓度为1.8mmol/L时，聚丙烯酸丁酯刷的羽毛接枝共聚物的接枝率最高，达到32%；当$CuBr_2$浓度大于1.8mmol/L时，接枝率开始下降，这是因为反应体系中引发剂浓度是一定的，增大$CuBr_2$浓度，使反应可以吸收更多引发剂上的溴原子，产生更多大分子自由基与单体反应；但$CuBr_2$浓度增大到一定程度时，继续增大$CuBr_2$浓度，反应体系中大部分的自由基会被催化体系捕捉

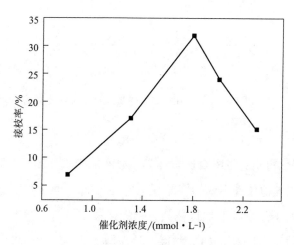

图5-2 催化剂浓度对接枝率的影响

而形成休眠种，其结果是使休眠种能够被活化重新产生新的活性种的速率很低[11]，最终导致接枝率呈现减小趋势。因此，CuBr$_2$浓度为1.8mmol/L时最合适。

5.3.1.3 PMDETA与CuBr$_2$物质的量配合比

PMDETA与CuBr$_2$物质的量配合比对样品接枝率的影响如图5-3所示。从图中可以看出，在其他条件不变的情况下，聚丙烯酸丁酯刷的羽毛接枝共聚物的接枝率随物质的量配合比的增加呈现先增大后减少的趋势，这是因为适当的增加配体用量可以增加CuBr$_2$在体系中的溶解度，形成更多的催化活性中心，并且能够使催化剂的氧化还原电位发生改变，有利于Br原子转移[12]。PMDETA与CuBr$_2$物质的量配合比为5∶1时，聚丙烯酸丁酯刷的羽毛接枝共聚物的接枝率最高，达到32%。增加配体用量有利于提高接枝率，选取PMDETA与CuBr$_2$物质的量配合比为5∶1最合适。

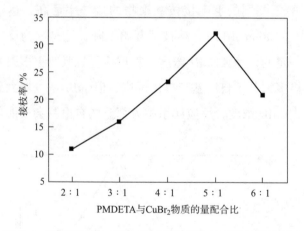

图5-3 PMDETA与CuBr$_2$物质的量配合比对接枝率的影响

5.3.1.4 Vc与CuBr$_2$物质的量配合比

Vc与CuBr$_2$物质的量配合比对样品接枝率的影响如图5-4所示。从图中可以看出，在其他条件不变的情况下，当Vc与CuBr$_2$物质的量配合比为1∶1时，聚丙烯酸丁酯刷的羽毛接枝共聚物的接枝率最高，达到32%。适当增加Vc用量可以提高反应液中Cu$^+$浓度，从而增加反应体系中自由基浓度，使接枝率增加；但加入过量的Vc时，也会导致链自由基终止等副反应的发生从而使主反应降低。因此，Vc与CuBr$_2$物质的量配合比为1∶1最合适。

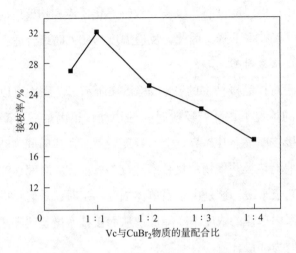

图 5-4　Vc 与 CuBr$_2$ 物质的量配合比对接枝率的影响

5.3.1.5　反应温度

反应温度对样品接枝率的影响如图5-5所示。从图中可以看出，在其他条件不变的情况下，温度为60℃时，聚丙烯酸丁酯刷的羽毛接枝共聚物的接枝率最高，达到32%。随着温度升高，聚丙烯酸丁酯刷的羽毛接枝共

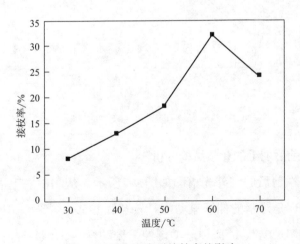

图 5-5　反应温度对接枝率的影响

聚物的接枝率先增加后减小，这是由于温度升高会使引发剂分解速率加快，同时聚合物卤化物的反应活性也会随着温度的升高而增强，从而使自由基浓度增加；但温度过高，也会导致链终止反应和均聚反应等副反应的发生，从而使接枝率下降。因此，反应温度为60℃时最合适。

5.3.1.6　反应时间

反应时间对样品接枝率的影响如图5-6所示，从图中可以看出，在其他条件不变的情况下，随着反应时间的增加，聚丙烯酸丁酯刷的羽毛接枝共聚物的接枝率呈上升趋势且上升幅度较大。反应时间为8h时，聚丙烯酸丁酯刷的羽毛接枝共聚物的接枝率达到32%；反应时间达8h后，接枝率增加的幅度趋于平缓。这是由于当单体浓度一定时，随着反应时间不断增加，反应体系中单体的浓度不断降低，从而接枝率增长逐渐趋于平缓。因此，反应时间为8h最合适。

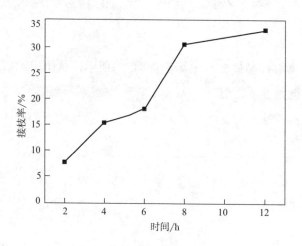

图 5-6　反应时间对接枝率的影响

5.3.2　改性前后羽毛的化学结构分析

羽毛改性前后的红外光谱图如图5-7所示。从图中羽毛谱线a可以看出，3440cm^{-1}是羟基的伸缩振动峰且较宽，2959cm^{-1}是C—H键伸缩振动峰，1644cm^{-1}是酰胺Ⅰ带（C—O键伸缩振动峰），1544cm^{-1}是酰胺Ⅱ带（N—H键伸缩振动峰），1240cm^{-1}是酰胺Ⅲ带（C—N键伸缩振动峰），

1448cm^{-1}是—COOH伸缩振动峰；羽毛大分子引发剂谱线b与羽毛谱线a相比，3440cm^{-1}的—OH峰更宽，表明羽毛表面的羟基减少，由于羽毛表面的羟基与2-溴异丁酰溴发生酯化反应消耗掉部分羟基，同时在1739cm^{-1}处出现一个新的峰，这是酯基的峰，以上的变化都表明羽毛大分子引发剂制备成功；从接枝丙烯酸丁酯羽毛谱线c与羽毛谱线a、羽毛大分子羽发剂谱线b相比，在1727cm^{-1}处出现一个新的峰，这是丙烯酸丁酯中的酯基，表明丙烯酸丁酯单体接枝成功。

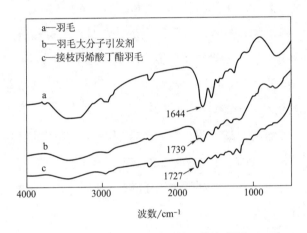

图 5-7　羽毛改性前后的红外光谱图

5.4　结论

（1）采用2-溴异丁酰溴与羽毛发生酯化反应，使羽毛表面带有引发活性的引发基团，以ARGET ATRP法成功制得含聚丙烯酸丁酯刷的羽毛接枝共聚物。实验结果表明，接枝最佳工艺为单体浓度为3mol/L，催化剂浓度为1.8mmol/L，配体与催化剂的物质的量配合比为5：1，还原剂与催化剂的物质的量配合比为1：1，反应温度为60℃，反应时间为8h，制得的聚丙烯酸丁酯刷的羽毛接枝共聚物的接枝率达到32%。

（2）羽毛来源广泛，制得的聚丙烯酸丁酯刷的羽毛接枝共聚物性能优良，具有较好的应用前景。

参考文献

［1］尹国强，崔英德，陈循军. 羽毛蛋白接枝丙烯酸高吸水性树脂的合成工艺研究［J］. 化工新型材料，2008，36（6）：57-60.

［2］颜孙安，姚清华，林香信，等. 羽毛肽粉对瓦氏黄颡鱼稚鱼肌肉营养成分的影响［J］. 福建农业学报，2017，32（2）：111-118.

［3］翟美玉，彭茜. 生物可降解高分子材料［J］. 化学与粘合，2008，30（5）：66-69.

［4］杨崇岭，关丽涛，赵耀明，等. 改性羽毛对锌离子的吸附［J］. 离子交换与吸附，2007，23（3）：259-266

［5］谭盈盈，郑平. 角蛋白的微生物降解与利用［J］. 中国沼气，2001，19（20）：30-34.

［6］王海洋，尹国强，冯光炷，等. 羽毛角蛋白／羧甲基纤维素钠共混复合膜的制备及性能［J］. 高分子材料科学与工程，2014，30（12）：139-143.

［7］庄志良，吴伟兵，谷军，等. 微晶纤维素 ARGET ATRP 接枝共聚制备 PMMA 和 PMMA-Na 的研究［J］. 南京林业大学学报（自然科学版），2014，38（1）：125-129.

［8］庄志良，吴伟兵，谷军，等. 再生纤维素微球 ARGET ATRP 接枝共聚制备 PMMA 的研究［J］. 造纸化学品，2013，25（4）：5-9.

［9］徐霞. ARGET ATRP 法接枝改性真丝的制备及其结构与性能研究［D］. 苏州：苏州大学，2011.

［10］ROSSELGONG J，ARMES S P，BARTON W，et al. Synthesis of branched methacrylic copolymers：comparison between RAFT and ATRP and effect of varying the monomer concentration ［J］. Macromolecules，2010，43（5）: 2145–2156.

［11］李时伟. 基于 ATRP 法的含氟丙烯酸酯对真丝和棉织物改性研究［D］. 苏州: 苏州大学，2015.

［12］XING T L，XIAO Y，CHEN G Q. Grafting of 2-hydroxyethyl methacrylate onto silk by atom transfer radical polymerization ［J］. Journal of Donghua University，2010，27（4）: 491–495.

第6章 羽毛规整接枝聚丙烯酸叔丁酯的研究

6.1 引言

近几十年来，合成高分子材料因其难以生物降解，给环境造成了极大的污染[1]，因此，寻求以天然可降解的生物质材料为原料，制备环境友好型高分子材料是十分有意义的课题[2-3]。

羽毛作为一种天然高分子材料，具有来源丰富、价格低廉、可降解等特点[4-5]。近年来，通过化学方法对羽毛进行改性，制备功能性材料，不仅使羽毛得以有效利用，而且还大大提高了其产品附加值。王海洋[6]等从羽毛中提取角蛋白与羧甲基纤维素钠共混，制备出具有良好力学性能和透湿性能的生物质复合膜。王洪[7]等将羽毛纤维与聚丙烯混合，利用熔喷装置制备出对铅离子具有良好吸附作用的熔喷滤芯。罗璋[8]等从羽毛中提取蛋白与海藻酸钠复合制备出具有良好缓释性能的载药微球。

以表面含溴的羽毛为大分子引发剂（feather-Br），以丙烯酸叔丁酯为单体，利用 ARGET ATRP法[9-11]，使丙烯酸叔丁酯接枝在大分子引发剂的表面，制备得到feather–g–PtBA共聚物。该聚合反应可控且可获得接枝率较高的羽毛接枝共聚物；该羽毛接枝共聚物可进一步功能化转变，在作为酶固定化载体、环境修复材料等方面具有重要的应用前景，对羽毛材料的高值化应用具有重要的意义。

6.2　实验部分

6.2.1　实验材料与仪器

6.2.1.1　实验材料

羽毛，芜湖东隆羽绒制品有限公司；四氢呋喃（用 4A 分子筛除水）、4-二甲氨基吡啶、溴化铜（$CuBr_2$）、五甲基二乙烯基三胺（PMDETA），分析纯，上海阿拉丁生化科技股份有限公司；2-溴异丁酰溴（98%），上海阿拉丁生化科技股份有限公司；三乙胺、抗坏血酸（Vc）、N,N-二甲基甲酰胺（DMF）、无水乙醇、丙烯酸叔丁酯（tBA），分析纯，成都西亚化工股份有限公司。

6.2.1.2　实验仪器

SHA-C型水浴恒温振荡器，江苏杰瑞尔电器有限公司；SA2003N型电子天平，常州市衡正电子仪器有限公司；IR Prestige-21型傅里叶变换红外光谱仪（FT-IR）；DTG-60H型微机差热天平，日本岛津公司；S-4800型扫描电子显微镜，日本日立公司；D8系列X射线（粉末）衍射仪，德国布鲁克公司。

6.2.2　实验方法

6.2.2.1　羽毛大分子引发剂的制备

将1g经四氢呋喃润洗过的羽毛，0.15g 4-二甲基氨基吡啶、2.4mL三乙胺、50mL THF盛于100mL的圆底烧瓶中，待溶液搅拌均匀后，冰浴条件下逐滴加入1.8mL的2-溴异丁酰溴，通入氮气，在氮气氛围下于60℃振荡反应24h。反应后的产物经无水乙醇润洗后，105℃下干燥至质量恒定后保存，为下一步接枝聚合做准备。

6.2.2.2　羽毛接枝共聚物的制备

将上一步制得的大分子引发剂加入盛有3.6mg（0.016mmol）$CuBr_2$、

16.7μL（0.08mmol）PMDETA、2.82mg（0.016mmol）Vc、7g（0.055mol）tBA 及30mL DMF的锥形瓶中，待溶液搅拌均匀后，通入氮气密封，在氮气氛围下于40℃振荡反应24h。反应结束后，产物用丙酮索氏提抽72h，并经无水乙醇、去离子水洗涤后，在105℃下干燥至质量恒定。

6.2.3　测试方法

6.2.3.1　接枝率测试

接枝率的计算式如下：

$$G=\frac{m_1-m_0}{m_0}\times100\%$$

式中：G为羽毛接枝共聚物的接枝率；m_0为feather-Br的质量（g）；m_1为feather-Br接枝tBA后的质量（g）。

6.2.3.2　元素含量测试

将干燥至质量恒定的羽毛大分子引发剂喷金后，采用扫描电镜－能谱联用仪对样品元素含量进行测定。

6.2.3.3　化学结构测试

采用溴化钾压片法对研究所用的羽毛、羽毛大分子引发剂和 feather-g-tBA 进行红外光谱表征，扫描范围为500～4000cm^{-1}。

6.2.3.4　结晶度测试

将干燥至质量恒定的待测样品剪成粉末，进行XRD 表征。采用CuKα辐射，管压为40kV，管流为300mA，2θ值范围为5°～60°。结晶度计算式如下：

$$X_C=\frac{S_C}{S_A+S_C}\times100\%$$

式中：X_C为结晶度；S_C为结晶峰面积；S_A为非结晶峰面积。

6.2.3.5　表面形貌测试

将干燥至质量恒定的待测样品剪碎喷金后，采用扫描电子显微镜观察样品表面的形貌结构。

6.2.3.6　热稳定性分析

在程序温度下测量试样质量与温度之间的关系，研究改性前后羽毛的热稳定性，升温速率为10℃/min，在N_2气氛下测定。

6.3　结果与讨论

6.3.1　羽毛大分子引发剂的合成

以羽毛为基材，四氢呋喃为溶剂，在4-二甲基氨基吡啶、三乙胺的作用下，将2-溴异丁酰溴键合到羽毛的表面，合成末端含溴的羽毛基活性引发剂 feather-Br，合成路线如图6-1所示。

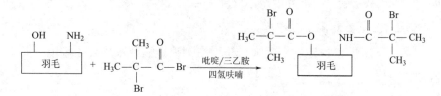

图 6-1　羽毛大分子引发剂的合成路线

羽毛大分子引发剂元素含量分析谱图如图6-2所示。由图中可以看出，羽毛大分子引发剂中含有 C、N、O、Br、S五种元素，其中Br元素峰较为明显，说明羽毛大分子引发剂制备成功，为下一步接枝聚合提供了有利条件。

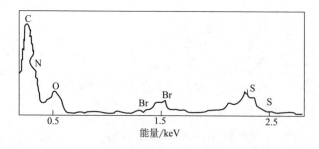

图 6-2　羽毛大分子引发剂的元素分析图谱

6.3.2 羽毛接枝共聚物的合成

以表面含溴的羽毛为大分子引发剂，在羽毛表面进行tBA的接枝聚合，得到羽毛接枝共聚物 feather-g-PtBA。合成路线如图6-3所示。

羽毛大分子引发剂接枝PtBA时接枝率与反应时间的关系曲线如图6-4所示。由图可知，随着反应时间的增加，样品接枝率不断增大。当反应时间达到24h时，接枝率为362%；继续增加反应时间，接枝率增加不再明显。因此，最佳反应时间为24h。

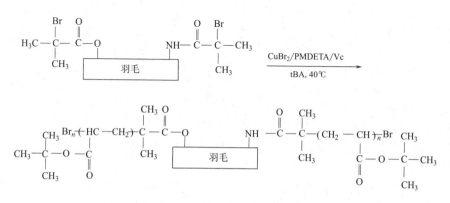

图6-3 羽毛接枝共聚物的合成路线

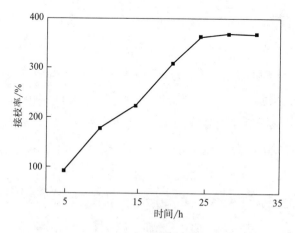

图6-4 反应时间对样品接枝率的影响

羽毛大分子引发剂接枝tBA时，$\ln([M]_0/[M])$与反应时间的关系曲线如图6-5所示。由图可知，$\ln([M]_0/[M])$ 与反应时间呈现良好的线性关系，即为一级反应的动力学规律，说明在整个接枝聚合过程中活性种浓度保持恒定，这表明该接枝聚合是可控活性聚合[12]。

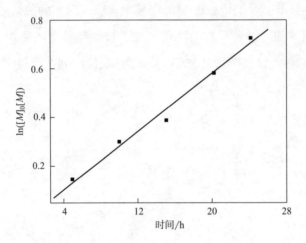

图6-5　羽毛接枝共聚物的合成动力学曲线

6.3.3　羽毛接枝共聚物的表征

6.3.3.1　化学结构分析

羽毛、羽毛大分子引发剂和羽毛接枝共聚物（feather-g-PtBA）的红外光谱曲线图如图6-6所示。从图中羽毛谱线a可以看出，$3440cm^{-1}$ 处为羟基的特征吸收峰，$2934cm^{-1}$ 处是C—H键特征吸收峰，$1644cm^{-1}$、$1544cm^{-1}$、$1240cm^{-1}$ 分别是酰胺Ⅰ带（C=O键伸缩振动峰）、酰胺Ⅱ带（N—H键伸缩振动峰）、酰胺Ⅲ带（C—N键伸缩振动峰），$1448cm^{-1}$ 是羧基伸缩振动峰；图中羽毛大分子引发剂谱线b与羽毛谱线a相比，$3440cm^{-1}$ 处的羟基峰强度减弱，表明羽毛表面的羟基减少了，这是由于羽毛表面的羟基与2-溴异丁酰溴发生酯化反应消耗掉部分羟基；同时在 $1715cm^{-1}$ 处出现一个新的峰，这是酯基的峰，以上的变化都表明羽毛大分子引发剂制备成功。图中feather-g-tBA谱线c与羽毛谱线a、羽毛大分子引发剂谱线b相比，在 $1730cm^{-1}$ 处出现一个新的峰，这是丙烯酸叔丁酯中的酯基，表明丙烯酸叔丁酯单体接枝成功。

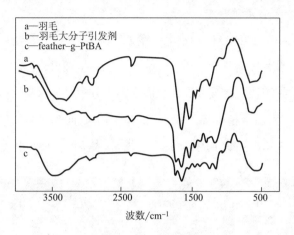

图 6-6　羽毛改性前后的红外光谱图

6.3.3.2　结晶度分析

羽毛、羽毛大分子引发剂和feather-g-PtBA的XRD图谱如图6-7所示。由图可知，三者的晶体结构基本没有发生变化，在9.8°（晶面间距0.98nm）和19.8°（晶面间距0.47nm）处各有一个衍射峰，此双衍射峰分别对应羽毛角蛋白中的α-螺旋结构和β-折叠结构[13]。由结晶度计算式得到，羽毛、羽毛大分子引发剂、feather-g-PtBA的结晶度分别为54.6%、34.9%、29.2%。由此可以看出，羽毛大分子引发剂和羽毛接枝共聚物的结晶度与羽毛相比降低了。

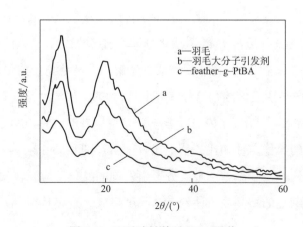

图 6-7　羽毛改性前后 XRD 图谱

6.3.3.3　表面形貌分析

羽毛和feather-g-PtBA的扫描电镜图如图6-8所示。图6-8（a）中羽毛表面十分光滑，没有任何其他物质；图6-8（b）中接枝聚合后羽毛的表面可以观察到有层状物质覆盖在其表面，表面变得十分粗糙。这是由于利用ARGET ATRP法在羽毛表面接枝丙烯酸叔丁酯后，羽毛表面被大量的聚丙烯酸叔丁酯包裹。以上现象都表明了丙烯酸叔丁酯单体成功地接枝到羽毛的表面。

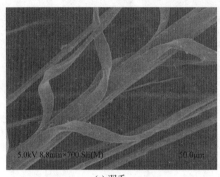
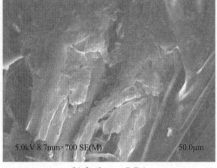

(a) 羽毛　　　　　　　　　　　　　　　　(b) feather-g-PtBA

图 6-8　羽毛和 feather-g-PtBA 的扫描电镜图

6.3.4　热稳定性分析

羽毛、羽毛大分子引发剂和feather-g-PtBA的热重分析曲线如图6-9所示。从图中可看出，羽毛的初始分解温度为220℃；在220～350℃时，羽毛分解速率较快；在350～590℃时，羽毛分解速率较慢；在590℃时分解完毕。在220℃之前失重17.4%，是由水分挥发引起的；220℃以后的失重是由一些不稳定的官能团和低分子量物质的降解以及羽毛角蛋白受热分解引起的。羽毛大分子引发剂的初始分解温度是130℃，当温度升高到585℃时分解完毕。Feather-g-PtBA在190℃开始分解，继续升温到594℃时分解完毕。

与羽毛的热稳定性相比，羽毛大分子引发剂和feather-g-PtBA的热稳定性降低，这是由于制备羽毛大分子引发剂的酰化反应和接枝tBA的聚合反应会破坏羽毛的结晶区，使两者结晶度降低，这可从图6-7的XRD图谱分析中看出。

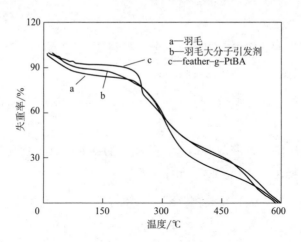

图 6-9 羽毛改性前后的热重分析曲线

6.4 结论

（1）采用ARGET ATRP聚合法成功制备了feather-g-PtBA聚合物，接枝率可达362%，且接枝聚合反应可控。

（2）红外光谱分析表明制备的羽毛大分子引发剂、feather-g-PtBA具有羽毛的基本结构，且羽毛大分子引发剂在1715cm^{-1}处，feather-g-PtBA在1730cm^{-1}处都出现酯基特征峰，说明两者制备成功。XRD分析表明羽毛大分子引发剂和feather-g-PtBA的结晶度与原羽毛相比降低了。扫描电镜分析表明接枝聚合后羽毛的表面被聚丙烯酸叔丁酯包裹，说明丙烯酸叔丁酯单体成功地接枝到羽毛表面。

（3）羽毛接枝共聚物的热稳定性低于羽毛。

参考文献

［1］郭菊花，李涛，赵婷婷，等. 角蛋白改性材料及其应用研究进展［J］.

高分子通报，2014，（4）：16–23.

［2］陈诗江，王清文. 生物降解高分子材料研究及应用［J］. 化学工程与装备，2011，（7）：142–144.

［3］翟美玉，彭茜. 生物可降解高分子材料［J］. 化学与粘合，2008，30（5）：66–69.

［4］李鹏飞，洪颖，陈双春，等. 角蛋白的提取及其生物医学应用［J］. 高分子通报，2013，（6）：7–11.

［5］陈循军，尹国强，崔英德. 羽毛角蛋白综合开发利用新进展［J］. 化工进展，2008，27（9）：1390–1393.

［6］王海洋，尹国强，冯光炷，等. 羽毛角蛋白/羧甲基纤维素钠共混复合膜的制备及性能［J］. 高分子材料科学与工程，2014，30（12）：139–143.

［7］王洪，田玉翠，陶嘉诚，等. 羽毛纤维/聚丙烯熔喷滤芯的制备及其过滤吸附性能［J］. 东华大学学报（自然科学版），2014，40（2）：189–192.

［8］罗璋，周新华，尹国强，等. 羽毛蛋白/海藻酸钠复合载药微球及其缓释性能［J］. 高分子材料科学与工程，2014，30（8）：150–155.

［9］WANG M, YUAN J, HUANG X B, et al. Grafting of carboxybetaine brush onto cellulose membranes via surface–initiated ARGET–ATRP for improving blood compatibility［J］. Colloids & Surfaces B Biointerfaces，2013，103（1）：52–58.

［10］MENDONCA P V, AVERICK S E, KONKOLEWICZ D, et al. Straight forward ARGET ATRP for the synthesis of primary amine polymethacrylate with improved chain–end functionality under mild reaction conditions［J］. Macromolecules，2014，47（14）：4615–4621.

［11］JAKUBOWSKI W, MIN K, MATYJASZEWSKI K. Activators regenerated by electron transfer for atom transfer radical polymerization of styrene［J］. Macromolecules，2005，39（1）：39-45.

［12］王国祥，刘永兵. AGET-ATRP 法制备苯乙烯 / 丙烯腈共聚物［J］. 高校化学工程学报，2014，28（2）：365-369.

［13］李长龙，刘琼，王宗乾，等. 羽毛绒水解工艺优化及其产物成膜性能［J］. 纺织学报，2014，35（7）：23-29.

第7章 含聚甲基丙烯酸二甲氨基乙酯羽毛接枝共聚物的研究

7.1 引言

在前几章对羽毛性能[1-5]接枝改性[6-7]以及ARGETATRP法[9-11]研究的基础上，本研究采用2-溴异丁酰溴与羽毛表面的氨基、羟基发生酰化反应，使其表面引入引发基团端基溴，然后以溴化铜（$CuBr_2$）/五甲基二乙烯基三胺（PMDETA）/抗坏血酸（Vc）组成的催化体系，引发甲基丙烯酸二甲氨基乙酯在羽毛表面自增长，制备含聚甲基丙烯酸二甲氨基乙酯刷的羽毛接枝共聚物；再以溴乙烷为功能化改性试剂，对其进行季铵化处理，制备具有抗菌性能的羽毛接枝聚合物。该羽毛接枝共聚物的制备不仅使羽毛得以有效利用，还大大拓展了羽毛的利用渠道，实现了羽毛的高值化利用。

7.2 实验部分

7.2.1 实验材料与仪器

7.2.1.1 实验材料

仔鸭羽毛，芜湖东隆羽绒制品有限公司；四氢呋喃（用4A分子筛除水）、4-二甲氨基吡啶（DMAP）、溴化铜（$CuBr_2$）、五甲基二乙烯基三胺（PMDETA），分析纯，上海阿拉丁生化科技股份有限公司；2-溴异丁酰溴（98%），上海阿拉丁生化科技股份有限公司；三乙胺、抗坏血酸（Vc）、无水甲醇、无水乙醇、溴乙烷、甲基丙烯酸二甲氨基乙酯（DMAEMA），分析纯，成都西亚化工股份有限公司。

7.2.1.2 实验仪器

SHA-C型水浴恒温振荡器，江苏杰瑞尔电器有限公司；SA2003N型电子天平，常州市衡正电子仪器有限公司；IR Prestige-21型傅里叶变换红外光谱仪（FT-IR）、DTG-60H型微机差热天平，日本岛津公司；S-4800型扫描电子显微镜，日本日立公司；DHG-9091A型烘箱，上海一恒科学仪器有限公司；Waters-Breeze型凝胶渗透色谱，美国Waters公司；D8系列X射线（粉末）衍射仪（XRD），德国布鲁克公司。

7.2.2 实验方法

7.2.2.1 羽毛大分子引发剂的制备

称取1g经四氢呋喃润洗过的羽毛，0.15g 4-二甲基氨基吡啶、2.4mL三乙胺、50mL四氢呋喃于100mL圆底烧瓶中。待溶液搅拌均匀后，冰浴条件下逐滴加入1.8mL 2-溴异丁酰溴，通入氮气，在氮气氛围下于60℃振荡反应24h。反应后的产物经无水乙醇润洗后，在105℃下干燥至质量恒定后保存，为下一步接枝聚合做准备。

7.2.2.2 DMAEMA 在羽毛大分子引发剂表面的接枝聚合

称取3.6mg（0.016mmol）CuBr$_2$、16.7μL（0.08mmol）PMDETA、2.82mg（0.016mmol）Vc，6.75g（0.0527mol）DMAEMA 以及30mL无水甲醇于100mL圆底烧瓶中，搅拌均匀，加入上一步制备的羽毛大分子引发剂，通入氮气，在氮气氛围下于40℃振荡反应10h。反应结束后，产物用丙酮索氏提抽72h，并经无水乙醇、去离子水洗涤后，在105℃下干燥至质量恒定。

7.2.2.3 季铵化羽毛接枝共聚物的制备

将30mL无水乙醇和12g溴乙烷加入100mL圆底烧瓶中，并将feather-g-PDMAEMA加入圆底烧瓶中浸没密封，在60℃下反应24h。反应结束后，依次用乙醇、四氢呋喃和蒸馏水清洗，在 105℃下干燥至质量恒定。

7.2.3　测试方法

7.2.3.1　接枝率测试

接枝产物的接枝率计算式如下：

$$G = \frac{m_1 - m_0}{m_0} \times 100\% \qquad （7-1）$$

式中：G 为羽毛接枝共聚物的接枝率；m_0 为羽毛大分子引发剂的质量（g）；m_1 为羽毛大分子引发剂接枝DMAEMA 后的质量（g）。

7.2.3.2　元素含量测试

将干燥至恒重的羽毛大分子引发剂剪碎喷金后，采用日本日立公司S-4800 型扫描电镜—能谱联用仪对样品元素含量进行测定。

7.2.3.3　化学结构测试

取本研究的羽毛、羽毛大分子引发剂和DMAEMA接枝改性后的羽毛（feather-g-PDMAEMA），用溴化钾压片法制样，采用日本岛津公司IR Prestige-21型傅里叶变换红外光谱仪进行表征，扫描范围为500 ~ 4000cm^{-1}。

7.2.3.4　结晶度测试

将样品切成粉末，采用德国布鲁克公司D8系列X射线（粉末）衍射仪进行测试。实验条件：等电压为40kV，等电流为30mA，扫描速度为2°/min，扫描范围2θ为5° ~ 60°。

结晶度的计算式如下：

$$X_C = \frac{S_C}{S_A + S_C} \times 100\% \qquad （7-2）$$

式中：X_C为结晶度；S_C 为结晶峰面积；S_A 为非结晶峰面积。

7.2.3.5 *表面形貌测试*

按扫描电子显微镜测试要求，制备羽毛样品，对待测的改性前后羽毛表面进行 20s 喷金处理，采用日本日立公司 S-4800 型扫描电子显微镜观察羽毛的表面形态。

7.2.3.6 *热稳定性测试*

采用日本岛津公司 DTG-60H 型微机差热天平测定，在程序温度下测量羽毛质量与温度之间的关系，研究改性前后羽毛的热稳定性，升温速率为 10℃/min，氮气气氛下测定。

7.2.3.7 *抗菌性能测试*

以金黄色葡萄球菌为实验菌种，通过抑菌圈法对季铵化处理后的羽毛接枝共聚物进行抗菌性能测试。

7.3 结果与讨论

7.3.1 羽毛大分子引发剂的合成

以四氢呋喃为溶剂，在4-二甲基氨基吡啶、三乙胺作用下，将2-溴异丁酰溴引入羽毛分子中，合成末端含溴的羽毛大分子引发剂（feather-Br）。羽毛大分子引发剂的合成路线如图7-1所示。

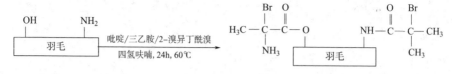

图 7-1　羽毛大分子引发剂的合成

图7-2为羽毛大分子引发剂元素含量分析谱图。由图中可以看出，羽毛大分子引发剂中含有元素 C、N、O、S和Br，其含量分别为43.68%、25.15%、22.93%、1.26%和6.98%。说明羽毛大分子引发剂制备成功，为下一步的接枝聚合提供了有利条件。

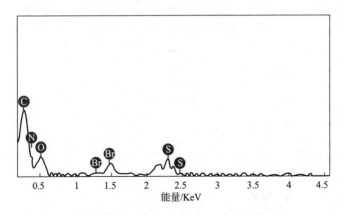

图 7-2　羽毛大分子引发剂的元素分析

7.3.2　Feather–g–PDMAEMA 的合成

羽毛大分子引发剂在$CuBr_2$/PMDETA/Vc催化体系下，引发DMAEMA在其表面进行接枝聚合，得到聚合物feather-g-PDMAEMA。Feather-g-PDMAEMA的合成路线如图7-3所示。

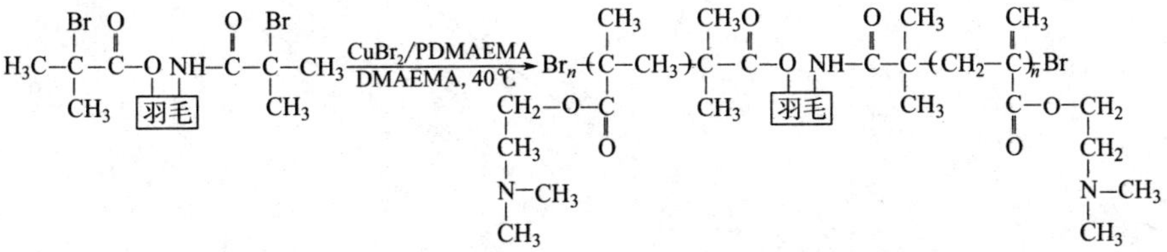

图 7-3　Feather-g-PDMAEMA 的合成路线

图7-4为羽毛大分子引发剂接枝DMAEMA时接枝率与反应时间的关系曲线。从图中可知，随着反应时间的延长，样品的接枝率不断增大。当反应时间达到10h时，样品接枝率为84.7%；而再继续延长反应时间，接枝率的增加不再明显。

图7-5为feather-g-PDMAEMA的合成反应动力学曲线。由图中可以看出，ln（$[M]_0$/$[M]$）与反应时间呈良好的线性关系。这说明在合成反应过程中链增长自由基浓度保持恒定，整个反应过程符合一级动力学关系，符合活性聚合特征[12]，聚合反应是可控的。

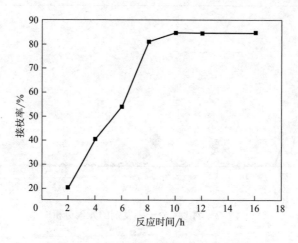

图 7-4　反应时间对样品接枝率的影响

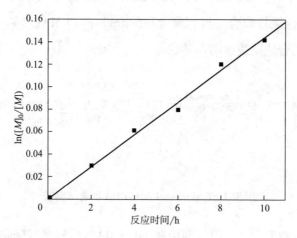

图 7-5　羽毛接枝共聚物的合成动力学曲线

7.3.3　Feather–g–PDMAEMA 的表征

7.3.3.1　化学结构分析

图7-6为羽毛（谱线a）、羽毛大分子引发剂（谱线b）、feather-g-PDMAEMA（谱线c）和季铵化feather-g-PDMAEMA（谱线d）的红外光谱。从图中羽毛谱线a可以看出，3440cm^{-1}处为羟基的特征吸收峰，2934cm^{-1}处是C—H键特征吸收峰，1644cm^{-1}、1544cm^{-1}、1240cm^{-1}处分别

是酰胺Ⅰ带（C=O键伸缩振动峰）、酰胺Ⅱ带（N—H键伸缩振动峰）、酰胺Ⅲ带（C—N键伸缩振动峰）。相比于羽毛谱线a，羽毛大分子引发剂谱线b中在3440cm⁻¹处的羟基峰强度减弱，表明羽毛表面的羟基减少。这是由于羽毛表面的羟基与2-溴异丁酰溴发生酯化反应，消耗了部分羟基。与此同时，在1720cm⁻¹处出现一个新的酯基峰。以上变化均表明羽毛大分子引发剂制备成功。相比于谱线a和b，feather-g-PDMAEMA谱线c中在1733cm⁻¹处出现一个新的峰，这是甲基丙烯酸二甲氨乙酯中的酯基，表明DMAEMA单体接枝成功。相比于谱线c，季铵化feather-g-PDMAEMA谱线d中，846cm⁻¹处有一个新的峰出现，这是季铵盐特征峰，说明羽毛接枝共聚物的季铵化改性成功。

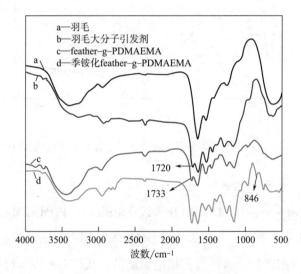

图7-6 改性羽毛的红外光谱

7.3.3.2 结晶度分析

羽毛、羽毛大分子引发剂和feather-g-PDMAEMA的X射线衍射谱如图7-7所示。从图中可以看出，羽毛、羽毛大分子引发剂和feather-g-PDMAEMA的结晶结构基本没有发生变化，都在2θ=9.8°（晶面间距0.98nm）、19.8°（晶面间距0.47nm）处各有一个尖峰，此双尖衍射峰分别对应羽毛角蛋白中的α-螺旋结构和β-折叠结构[13]。由结晶度计算式可知，羽毛、羽毛大分子引发剂和feather-g-PDMAEMA 的结晶度分别为54.6%、34.3%、28.2%。由此可以看出，羽毛大分子引发剂和feather-g-PDMAEMA的结晶度与羽毛相比有所降低。这是因为羽毛的分子间和分子内存在大量的氢键，因此其结晶度较大。而引发基团在羽毛表面固定的反应和DMAEMA与羽毛表面的引发基团发生的接枝聚合反应都在一定程度上破坏了羽毛的结晶区，从而导致结晶度下降。

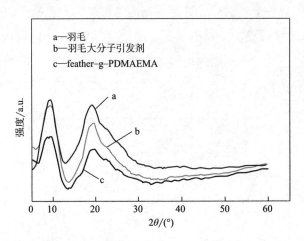

图7-7 羽毛、羽毛大分子引发剂和羽毛接枝共聚物的 XRD 谱

7.3.3.3 表面形貌分析

羽毛、feather-g-PDMAEMA和季铵化feather-g-PDMAEMA的扫描电镜图如图7-8所示。其中，feather-g-PDMAEMA 用丙酮索氏提抽72h除去表面的反应物和副产物，再进行扫描电镜测试。从图7-8（a）可以看出，羽毛表面十分光滑，没有任何其他物质。从图7-8（b）中可以看出，接枝聚合后羽毛的表面变得十分粗糙，可以观察到有层状物质覆盖在其表面。这是由于利用 ARGET ATRP法在羽毛表面接枝DMAEMA后，羽毛表面被大量的DMAEMA包裹，这表明DMAEMA单体被成功接枝到羽毛的表面。图7-8（c）中季铵化后的feather-g-PDMAEMA的表面与feather-g-PDMAEMA的表面相似，表面粗糙，同样有层状物质覆盖在其表面。

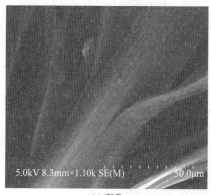
(a) 羽毛

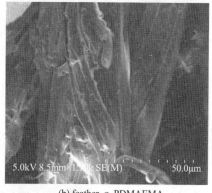
(b) feather-g-PDMAEMA

(c) 季铵化feather-g-PDMAEMA

图 7-8　羽毛、feather-g-PDMAEMA 和季铵化 feather-g-PDMAEMA 的扫描电镜图

7.3.4　热稳定性分析

图7-9 所示为羽毛、羽毛大分子引发剂、feather-g-PDMAEMA和季铵化feather-g-PDMAEMA的热重分析曲线。从图中可以看出，羽毛的初始分解温度为220℃；在 220～350℃温度下，羽毛分解速度较快；在350～590℃温度下，羽毛分解速度较慢；590℃时，羽毛分解完毕。在220℃之前，羽毛失重17.4%，这是由水分挥发引起的；在 220℃之后，羽毛的失重是由于一些不稳定的官能团和低分子量物质的降解以及羽毛角蛋白受热分解引起的。制备的羽毛大分子引发剂的初始分解温度是130℃；当温度升高到585℃时，其分解完毕。Feather-g-PDMAEMA在210℃开始分解，继续升温到700℃时分解完毕。季铵化feather-g-PDMAEMA在120℃开始分解，482℃分解完毕。羽毛大分子引发剂的热稳定性小于羽毛的热稳定性，这是由于

羽毛与2-溴异丁酰溴发生酰化反应破坏了羽毛的结晶区，使羽毛的结构发生变化，因此其热稳定性变差。Feather-g-PDMAEMA的热稳定性与羽毛相比变差，这是因为接枝DMAEMA也会破坏羽毛的晶体结构。而季铵化后的feather-g-PDMAEMA的热稳定性进一步变差。

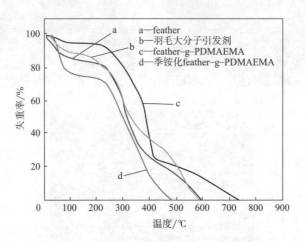

图7-9   羽毛改性前后的热重分析曲线

7.3.5   抗菌性能分析

图7-10为季铵化feather-g-PDMAEMA的抑菌圈照片，其中图7-10（a）为羽毛接枝共聚物feather-g-PDMAEMA的抑菌圈照片，图7-10（b）~（e）分别为接枝率为5%、17%、50%、84.7%的feather-g-PDMAEMA经季铵化后的抑菌圈照片。从图7-10可以看出，feather-g-PDMAEMA无抗菌效果；季铵化后的feather-g-PDMAEMA，随着接枝率的提高，抑菌圈直径不断增大，接枝率为84.7%时，可达15mm，因此，季铵化羽毛共聚物表现出较好的抗菌效果。

本研究中抗菌剂的基体材料为羽毛，其主要成分为蛋白质，在自然环境中可降解。制备的季铵化羽毛共聚物属于高分子抗菌剂，与小分子抗菌剂相比，具有毒性小、环境友好的特点。同时，本实验中制备的抗菌剂的抗菌机理是通过季铵阳离子与细菌表面的负电荷相互作用，附着在菌体表面，将部分阴离子细菌细胞膜吸入其内部空隙中，造成微生物膜起皱变形，胞内物质泄漏，从而杀死细菌，不易使细菌产生抗药性[14]。

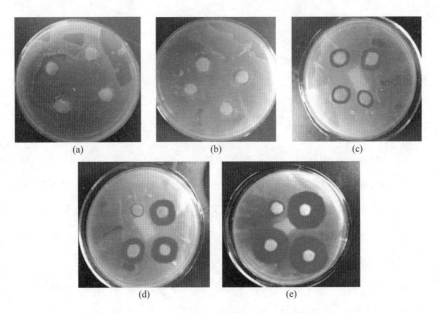

图 7-10　基于羽毛共聚物季铵化前后的抑菌圈照片

7.4　结论

（1）红外光谱、扫描电镜分析结果表明，利用 ARGET ATRP法成功制备出了含聚甲基丙烯酸二甲氨乙酯刷的羽毛接枝共聚物feather-g-PDMAEMA，接枝率最高可达84.7%。该法与ATRP法相比，操作更简单，便于工业化生产。

（2）XRD 分析结果表明，与原羽毛相比，羽毛大分子引发剂和羽毛接枝共聚物的结晶度变低；热重分析结果表明，羽毛经接枝聚合和季铵化后的热稳定性有所降低。羽毛接枝共聚物的结晶度小于原羽毛结晶度，这可能是造成羽毛接枝共聚物热稳定性降低的原因。

（3）抗菌性能测试结果表明，羽毛接枝共聚物经季铵化改性后，表现出了良好的抗菌性。

参考文献

[1] 郭菊花,李涛,赵婷婷,等. 角蛋白改性材料及其应用研究进展 [J]. 高分子通报,2014(4): 16.

[2] BANSAL G, SINGH V K, GOPE P C, et al. Application and properties of chicken feather fiber (CFF) a livestock waste in composite material development [J]. Journal of Graphic Era University, 2017, 5 (1): 16.

[3] DE SILVA R, WANG X, BYRNE N. Development of a novel cellulose/ duck feather composite fibre regenerated in ionic liquid [J]. Carbohydrate Polymers, 2016, 153: 115.

[4] BONGARDE U S, SHINDE V D. Review on natural fiber reinforcement polymer composites [J]. International Journal of Engineering Science and Innovative Technology, 2014, 3 (2): 431.

[5] RAI S K, MUKHERJEE A K. Optimization for production of liquid nitrogen fertilizer from the degradation of chicken feather by iron-oxide (Fe$_3$O$_4$) magnetic nanoparticles coupled β-keratinase [J]. Biocatalysis and Agricultural Biotechnology, 2015, 4 (4): 632.

[6] 杨崇岭,关丽涛,赵耀明,等. 改性羽毛对锌离子的吸附 [J]. 离子交换与吸附,2007, 23 (3): 259.

[7] 李曼丽,金恩琪,连瑶瑶. 羽毛蛋白接枝共聚物对涤/棉经纱的上浆性能 [J]. 纺织学报,2017, 38 (5): 75.

[8] JIN E, REDDY N, ZHU Z, et al. Graft polymerization of native chicken feathers for thermoplastic applications [J]. Journal of Agricultural and Food Chemistry, 2011, 59 (5): 1729.

[9] KEATING IV J J, LEE A, BELFORT G. Predictive tool for design and analysis of ARGET ATRP grafting reactions [J]. Macromolecules, 2017,

50（20）：7930.

［10］LEE B S, KIM H, CHOI I S, et al. Formation of activation - free, selectively bioconjugatable poly（N - acryloxysuccinimide - co - oligoethylene glycol methyl ether methacrylate）films by surface - initiated ARGET ATRP［J］. Journal of Polymer Science Part A：Polymer Chemistry, 2017, 55（2）：329.

［11］OU K, WU X, WANG B, et al. Controlled in situ graft polymerization of DMAEMA onto cotton surface via SI—ARGET ATRP for low—adherent wound dressings［J］. Cellulose, 2017, 24（11）：5211.

［12］JIANG F, WANG Z, QIAO Y, et al. A novel architecture toward third—generation thermoplastic elastomers by a grafting strategy［J］. Macromolecules, 2013, 46（12）：4772.

［13］李长龙，刘琼，王宗乾，等. 羽毛绒水解工艺优化及其产物成膜性能［J］. 纺织学报, 2014, 35（7）：23.

［14］徐潇，蒋姗，王秀瑜，等. 新型抗菌高分子及其抗菌机理的研究进展［J］. 化学通报, 2018, 81（2）：109.

第8章 P（MA-co-AA）/FP复合纳米纤维膜固定过氧化物酶的研究

8.1 引言

酶是以蛋白质为基础的生物催化剂。与传统催化剂相比，生物催化剂具有反应选择性高、反应条件温和、环境友好等特点，已广泛应用于制药、化工生产、环境保护等领域，发展前景不可估量[1]。但游离酶稳定性差、无法回收、难以连续化生产，极大地限制了酶的大规模应用[2-3]。酶的固定化为解决这些问题提供了途径[4-6]。在所有采用的固定策略中，酶的共价键固定是提高酶稳定性极具前景的方法之一[7-9]。

静电纺纳米纤维膜作为酶固定的载体材料，具有许多优势[10-12]，如大的比表面积，有利于提高载酶量；富含悬挂键及基团，易于酶多位点固化，防止酶构象扭曲；酶与反应系统快速分离，减轻基于纳米固定酶的转移障碍，从而提高催化效率。此外，静电纺纳米纤维膜的表面活性，可以通过对聚合物的选择来预先设计[13-14]。迄今为止，已使用多种聚合物静电纺纳米纤维膜来固定酶，如聚丙烯腈（PAN）[15]、聚乙烯醇（PVA）[16]、聚（苯乙烯-马来酸酐）（PS-PSMA）[17]、聚苯乙烯（PS）[18]、尼龙66[19]。然而，其中许多聚合物纳米纤维膜的生物相容性差，相应的固定化酶稳定性、活性受到严重影响[20]。因此，寻找具有良好生物相容性的酶载体，仍然是一项挑战性的工作。

角蛋白基材料已被证明具有良好的生物相容性[21]。羽毛多肽（FP）是角蛋白的水解产物，是一种很受欢迎的多种抗生素耐药材料[22]。本工作采用静电纺丝技术制备了一种新型聚（丙烯酸甲酯-丙烯酸）/羽毛多肽［P（MA-co-AA）/FP］静电纺纳米纤维膜。以制备的静电纺纳米纤维膜为载体，第一次固定过氧化物酶（HRP）。静电纺纳米纤维膜中羽毛多肽（FP）和聚（丙烯酸甲酯-丙烯酸）P（MA-co-AA）的结合，可以使载体具有更强的生物相容性。而且，FP表面的—NH$_2$可提供结合HRP的多个结合位点，从而增加HRP—加载量。图8-1为酶固定化过程的示意图，其中包括两个关键步骤：一是P（MA-co-AA）/FP纳米纤维膜上的—NH$_2$基与戊二醛（GA）共价结合，生成—CHO基；二是利用EDC/NHS活化纤维膜表面的羧基，进一步与酶分子中氨基进行偶联，实现酶的固定化。

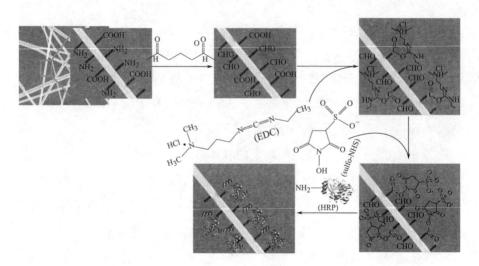

图 8-1　羽毛多肽固定过程示意图

8.2　实验部分

8.2.1　实验材料与仪器

8.2.1.1　实验材料

丙烯酸甲酯丙烯酸，上海凌峰化学试剂有限公司；偶氮二异丁腈，上海四赫维化工有限公司；二甲基亚砜（DMSO）、N，N-二甲基甲酰胺（DMF），无锡市亚盛化工有限公司；无水乙醇、氢氧化钠、巯基乙酸、尿素、十二烷基苯磺酸钠、十二水合磷酸氢二钠30%过氧化氢、考马斯亮蓝（G250）、25%戊二醛溶液、88%磷酸、磷酸二氢钾、十二水合磷酸氢二纳、苯酚、4-氨基安替比林（4-AAP），国药集团化学试剂有限公司；羽毛粉，芜湖南翔羽绒有限公司；辣根过氧化物酶（HRP）、牛血清蛋白（BSA），上海翊圣生物科技有限公司；1-（3-二甲氨基丙基）-3-乙基碳二亚胺盐酸盐（EDC）、N-羟基硫代琥珀酰亚胺（NHS），上海紫一试剂厂。

8.2.1.2　实验仪器

79-1型恒温磁力搅拌器、SHA-C型水浴恒温振荡器，江苏杰瑞尔电器有限公司；N-1000型旋转蒸发仪，上海爱朗仪器有限公司；SHZ-I循环水真空泵型，上海亚荣生化仪器厂；DF-Ⅱ型集热式磁力搅拌器，江苏成辉仪器厂；JA103型分析天平、NDJ-7型旋转黏度计，上海精密仪器科技有限公司；DZF-6210型真空干燥箱，上海圣科仪器设备有限公司；KQ-400KDB型数控超声波清洗器，昆山市超声仪器有限公司；DDS-307型电导率仪，成都世纪方舟科技有限公司；GDW-A型高压直流电源，天津东文高压电源厂；JZB-1800D注射泵，长沙健源医疗科技有限公司；S-4800型扫描电子显微镜，日本日立；DCAT-11表面张力仪，北京东方德菲仪器有限公司；YG026D多功能电子强力机，温州方圆仪器有限公司；UV-752型紫外-可见光分光光度计，上海仪电分析仪器有限公司；IR Prestige-21

型傅里叶变换红外光谱仪，日本岛津公司。

8.2.2 实验方法

8.2.2.1 试剂的精制

（1）丙烯酸甲酯的精制。将100mL丙烯酸甲酯加入蒸馏烧瓶中，加入沸石，减压蒸馏，收集45～48℃馏分，蒸馏液低温密闭保存。

（2）丙烯酸的精制。将100mL丙烯酸加入蒸馏烧瓶中，加入沸石，减压蒸馏，收集105～106℃馏分，蒸馏液低温密闭保存。

（3）偶氮二异丁腈的精制。在50mL锥形瓶中加入10mL 无水的乙醇，然后在80℃水浴中加热。然后加入5g偶氮二异丁腈，振荡溶解，迅速抽滤，待滤液冷却后，有白色晶体析出。静置30min后用布氏漏斗抽滤，产物经真空干燥至质量恒定。精制后的偶氮二异丁腈置于棕色瓶中，低温保存备用。

8.2.2.2 羽毛多肽的制备

称取10g的羽毛粉置于三口烧瓶中，经过醇酸预处理后，用蒸馏水洗涤至中性，加入0.2mol/L巯基乙酸、14g/L尿素、2g/L十二烷基苯磺酸钠的混合溶液，在80℃氮气的气氛下搅拌反应2h，过滤、洗涤后加入6g/L氢氧化钠溶液中，在100℃的条件下搅拌水解40min，将水解液过滤，滤液用pH为2的盐酸进行酸析，至有大量絮状物析出为终点，经离心、洗涤、真空干燥后得到羽毛多肽粉末。

8.2.2.3 丙烯酸甲酯-丙烯酸共聚物的合成

用经典的溶液聚合法制备丙烯酸甲酯-丙烯酸共聚物。以AIBN作为引发剂，分别将18.5mL丙烯酸甲酯和3mL丙烯酸单体加入DMSO溶液中，在N_2的氛围下进行聚合反应。聚合反应结束后，将产物倒入装有蒸馏水的烧杯中，并加以搅拌。聚合物经沉淀分离后，倒去上清液，然后用无水乙醇洗涤多次，最后将聚合物在60℃下真空干燥。

8.2.2.4 聚合物合成条件的优化

（1）单体浓度的影响。分别配置单体浓度为15%、20%、25%、30%

的溶液，以AIBN为引发剂，引发剂占单体总质量的0.4%，在65℃条件下进行聚合反应8h。

（2）引发剂浓度的影响。以AIBN为引发剂，单体浓度为25%，分别配置引发剂占单体总质量的0.1%、0.4%、0.7%、1.0%、1.3%，在65℃条件下进行聚合反应8h。

（3）反应温度的影响。以AIBN为引发剂，单体浓度为25%，引发剂占单体总质量的0.7%，分别在45℃、55℃、65℃、75℃和85℃条件下聚合反应8h。

（4）反应时间的影响。以AIBN为引发剂，单体浓度为25%，引发剂占单体总质量的0.7%，在65℃条件下进行聚合反应，设置反应时间分别为2h、4h、6h、8h和10h。

8.2.2.5 P（MA-co-AA）/羽毛多肽复合纳米纤维的制备

称取5g的P（MA-co-AA）置于50mL具塞锥形瓶中，加入15.8mL的DMF溶液溶解，然后按P（MA-co-AA）/FP质量比分别为95∶5、90∶10、85∶15、80∶20、75∶25计算得到的羽毛多肽粉末加入溶液中，置于磁力搅拌机上搅拌8h，得到均匀的纺丝液。

将上述的各纺丝液分别转入5mL的注射器管中，将内径为0.7mm注射器针头磨平作为喷射流的毛细管，将针管放到注射泵上，针头接高压电源正极，铝箔覆盖的铜网框架作为接收板连接负极。调节纺丝电压为17.5kV，注射泵推进量为0.2mL/h，接收装置与喷丝口的距离为15cm。室温下纺丝10h左右，得到复合纳米纤维膜。从铝箔上揭下纳米纤维膜，放入真空干燥箱于30℃干燥24h，备用。

8.2.3 测试方法

8.2.3.1 转化率的测试

准确称取一定量的聚合物溶液W_1，用丙酮稀释后，置于石油醚中沉淀，真空干燥至质量恒定，称其质量为W_2，根据下式计算单体的转化率。

$$\eta = \frac{W_2}{W_1} \times 100\% \qquad (8-1)$$

8.2.3.2 特性黏数的测定

在25℃下，用乌氏黏度计测定共聚物的特性黏数。特性黏数 $[\eta]$ 和黏均分子量 M_η 分别根据式（8-2）和式（8-3）计算：

$$[\eta] = \frac{\sqrt{2\left[(t-t_0)/t_0 - \ln(t/t_0)\right]}}{C} \qquad (8-2)$$

$$M_\eta = \sqrt[a]{[\eta]K} \qquad (8-3)$$

式（8-3）中，由于 K、a 没有公认的数值，本实验中 M_η 仅为估算值。

8.2.3.3 分子量的测定

利用GPC测定共聚物的分子量，柱温35℃，流动相为DMF，流速1mL/min。

8.2.3.4 纺丝液的配置及性质的测定

在20℃的恒温条件下，将各溶液注入黏度壶中，选择合适的转子，使用NDJ-7型旋转黏度计测试溶液的黏度；使用DDS-307型电导率仪测试各溶液的电导率。

8.2.3.5 纤维的形貌与直径测试

P（MA-co-AA）/FP纳米纤维膜样品经真空镀金预处理。利用场发射扫描电子显微镜观察各纤维微观形貌，并利用Nano Measurer软件测量纤维的直径。

8.2.3.6 化学结构测试

利用IR Prestige-21型傅里叶变换红外光谱仪分别测试羽毛多肽粉末、P（MA-co-AA）和P（MA-co-AA）/FP纳米纤维膜的红外光谱，表征其化学结构组成。

将干燥至质量恒定的FP粉末、P（MA-co-AA）、P（MA-co-AA）/FP纳米纤维膜、戊二醛反应后的P（MA-co-AA）/FP纳米纤维、固定化HRP分别和KBr混合，经压片机压成透明薄片，采用傅里叶变换红外光谱仪对试样进行红外光谱测试，测试范围为4000～500cm^{-1}。

8.2.3.7　纳米纤维膜力学性能测试

取厚度均匀的纳米纤维膜，用螺旋测微器测试膜的厚度，按50mm×3mm规格制样，利用YG026D多功能电子强力机对不同比例的复合纳米纤维膜进行强力测试。每个试样测试5次，取平均值。

8.2.3.8　接触角测试

取厚度均匀的纳米纤维膜，用螺旋测微器测试膜的厚度，按20mm×2mm规格制样，以蒸馏水为润湿介质，利用表面张力仪测试不同质量比的纳米纤维膜的动态接触角。

8.2.3.9　牛血清蛋白的吸附

（1）缓冲溶液的配置。准确称取19.1008g Na$_2$HPO$_4$和1.8145g KH$_2$PO$_4$，置于烧杯中，加入一定量的蒸馏水，搅拌溶解。将烧杯中溶液倒入1L的容量瓶，并以蒸馏水冲洗烧杯多次，洗涤液也转移至容量瓶中。用蒸馏水定容至刻度线，得到PBS（pH=7.4）的缓冲溶液（磷酸盐缓冲溶液）。

（2）BSA标准曲线的测定。用PBS缓冲液分别配置浓度为0.10~1.0mg/mL的BSA溶液。用紫外分光光度计分别测试280nm处的吸光度值。根据不同浓度对应的吸光度值绘制BSA吸光度标准曲线。

（3）膜对BSA吸附的测定。称取定面积的纳米纤维膜（5mg），用PBS缓冲液冲洗3次，以去除膜上的污染物。分别投入到装有BSA溶液的离心管中，在30℃下恒温振荡24h。用紫外分光光度计测定吸附后BSA溶液的吸光度。参照标准曲线，计算吸附后的BSA浓度。根据反应前后的浓度差值，计算单位质量的膜对BSA的吸附量。

8.2.3.10　固定化酶的载酶量的计算

利用紫外分光光度计测试固定化酶前后反应液的吸光度，参照HRP标准曲线确定酶液中蛋白质浓度[23]。根据下式计算载酶量：

$$A_e = \frac{(C_0 - C) \times V - C_W \times V_W}{W} \times 100\% \qquad (8-4)$$

式中：A_e为载酶量（mg/g）；C_0为固定化前酶液中蛋白质浓度（mg/mL）；C为固定化后酶液中蛋白质浓度（mg/mL）；V为固定化酶所用酶溶液的体积（mL）；C_W为洗涤固定化酶后PBS缓冲液中的酶液浓度（mg/mL）；V_W为所用PBS缓冲液的体积（mL）；W为纳米纤维膜的质量。

每组试验测试3次，取平均值。

8.2.3.11 酶活性的测定

采用Worthington法对游离酶和固定化酶的活性进行测定。测定步骤如下：在1cm的石英比色皿中依次加入1.5mL的H_2O_2磷酸盐缓冲液（H_2O_2浓度为1.76×10^{-3}mol/L），1.4mL苯酚（0.172mol/L）和4–AAP（2.46×10^{-3}mol/L）混合溶液，在25℃水浴中保温10min。然后加入20μL游离酶，以蒸馏水为参比液，利用紫外—可见光分光光度计在510nm处测定3min内每分钟吸光度值的变化率，取平均值计算酶活[24]。固定化酶活性测定是在固定化酶反应3min后，迅速过滤分离出固定化酶以终止反应，取清液测定510nm处的吸光度值，得到全反应曲线，计算曲线开始部分的斜率，得到酶反应的速度。

在上述条件下，定义一个酶活力单位U为每分钟氧化1μmol底物所需的酶量，HRP的活性根据下式计算：

$$U = \frac{\Delta A \times V}{7100 \times t \times n} \quad\quad (8-5)$$

式中：ΔA为510nm处的吸光度变化值；V为混合液体积（mL）；7100为摩尔消光系数（L·mol^{-1}·cm^{-1}）；t为反应的时间（min），n为参加反应的4–氨基安替比林的物质的量（mol）。

8.2.3.12 固定化酶动力学参数测定

配置一系列已知浓度的底物溶液，将固定化酶膜进行催化反应。分别测试游离HRP和固定化HRP的初始反应速率，根据Lineweaver–Burk（兰维福—布克）双倒数作图法，即米氏方程化为倒数形式，以1/V对1/[S]作图，求解催化过程的动力学参数，见下式：

$$\frac{1}{V_0} = \frac{K_m}{V_{max}} \times \frac{1}{[S]} + \frac{1}{V_{max}} \tag{8-6}$$

式中：V_0 为反应的初始速率；K_m 为米氏常数；V_{max} 为最大反应速率；$[S]$ 为底物浓度。

实验中，固定 H_2O_2 浓度为 1.76mmol/L 不变，通过改变底物浓度（0.1~5.0mmol/L），分别测定自由 HRP、P（MA-co-AA）-HRP 和 P（MA-co-AA）/FP-HRP 的初始反应速率。利用兰维福—布克作图法计算 V_{max} 和 K_m 两个动力学参数。

8.2.3.13　固定化酶催化性能的研究

（1）固定化酶催化的最适 pH。取最适条件下的固定化酶膜各 8 份（以 5mg 未固定化的纳米纤维膜质量计，以下固定化酶膜均为此质量），同时取游离酶 8 份，每份 0.3mL（浓度为 0.001mg/mL，以下游离酶的质量浓度均为此浓度）。在不同 pH 下测试其酶活，以相同条件下测定的最高酶活作为 100%，其他实验值与最高酶活的比值计为酶的相对活力。

（2）固定化酶催化的最适温度。在 20~60℃条件下，用固定化 HRP 和游离 HRP 催化苯酚和过氧化氢混合溶液，测定酶活。以相同条件下测定的最高酶活作为 100%，其他实验值与最高酶活的比值计为酶的相对活力。

8.2.3.14　固定化酶的稳定性

（1）热稳定性。游离 HRP 和固定化 HRP 分别在 60℃下 PBS 缓冲液中保温。每隔 20min 取出一个样品检测酶活，研究酶的热稳定性。残留活性根据式（8-7）计算：

$$R_a = \frac{A_t}{A_0} \times 100\% \tag{8-7}$$

式中：R_a 为残留活性（%）；A_t 为 t 时间后所测的酶活性（U）；A_0 为

酶的初始活性（U）。

（2）储存稳定性。将游离HRP溶液和固定化HRP在4℃条件下保存。每隔一段时间，取出一份样品，测试游离HRP和固定化HRP的活性，研究酶的储存稳定性。残留活性根据式（8-7）计算。

（3）重复使用性。固定化HRP在催化反应后，将酶膜从底物溶液中分离出来，并用PBS缓冲液清洗，然后再次加入到新的底物溶液中继续催化，检测其活性，如此反复5次，研究酶的重复使用性。残留活性根据式（8-7）计算。

8.3　结果与讨论

8.3.1　丙烯酸甲酯–丙烯酸共聚物的聚合

表8-1为单体浓度对聚合反应的影响。从表中可以看出，当单体浓度在15%时，转化率为48.3%；增大单体浓度，转化率增加。当单体浓度为30%时，转化率达到68.5%。这是因为较高的单体浓度有利于单体与引发剂自由基结合，聚合反应速率加快，使得转化率增加。但是，较高的单体浓度不利于反应体系中热量的散发。综合考虑引发剂对转化率和分子量的影响，选择单体浓度为25%较为适宜。

表 8-1　单体浓度对聚合反应的影响

单体浓度 /%	M_η（10^4）	转化率 /%
15	25.6	48.3
20	30.3	52.8
25	32.8	58.2
30	38.5	68.5

注　引发剂 AIBN 浓度为 0.4%，温度为 65℃，反应时间为 8h。

图8-2是引发剂浓度对转化率和聚合物分子量M_η的影响。由图可知，当引发剂AIBN占单体总浓度的0.1%时，单体的转化率非常低；增大AIBN的浓度，单体的转化率显著增加；当AIBN浓度达到0.7%时，转化率基本保持平衡，不再增加。聚合物分子量随着AIBN浓度增加不断下降。这主要是由于引发剂的浓度较低时，反应中自由基的数目较少，没有足够的自由基来引发聚合反应，转化率较低；随着AIBN浓度的增加，自由基的数目增多，聚合反应速率加快，转化率增大；当自由基的数目达到一定值时，没有足够的单体与其结合，转化率不再增加。同时，随着AIBN浓度的增加，自由基的数目增多，反应体系中存在更多的活性中心引发聚合，使得聚合物的特性黏数降低，从而导致聚合物分子量变小。综合考虑引发剂对转化率和分子量的影响，确定引发剂的浓度为0.7%。

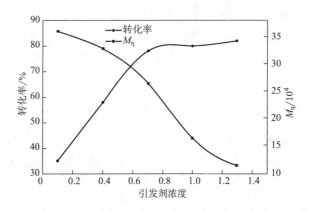

图 8-2　引发剂浓度对转化率和分子量的影响

图8-3为反应温度对转化率和聚合物分子量的影响。从图中可以看出，转化率随着温度的升高不断增加。这主要是由于升高温度加快了引发剂的分解速度，使得溶液中自由基增多，增大了单体与自由基结合的概率，同时温度升高也有利于单体双键的打开，从而转化率增大。但是，较高的反应温度，易导致自由基失活，链终止反应加剧，链增长反应减少，从而聚合物分子量降低。综合考虑温度对转化率和分子量的影响，确定反应温度为65℃。

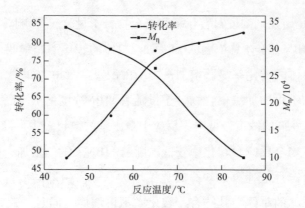

图 8-3　反应温度对转化率和分子量的影响

图8-4为反应时间对转化率和聚合物分子量的影响。从图中可以看出，反应时间较短时，转化率较低。随着反应时间的延长，转化率增大，当反应时间达到8h时，转化率达到78%；再延长反应时间，转化率变化不大。其原因主要是单体浓度随着反应时间的延长而降低，反应速率下降，当反应时间达到一定时，单体基本被消耗，因此，转化率变化不大。

随着反应时间的延长，聚合物分子量先增加；在反应时间达到8h后，聚合物分子量基本不再变化。这是由于自由基形成后，立即与其他单体分子反应，聚合反应速率加快，在较短时间内完成反应，之后随反应时间的延长，分子量大小不再增加。

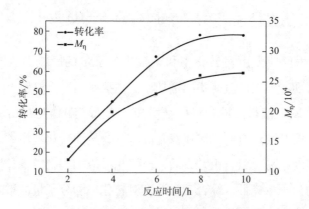

图 8-4　反应时间对转化率和分子量的影响

综上所述，丙烯酸甲酯-丙烯酸共聚物制备的最佳条件：单体浓度为25%，引发剂占单体总浓度比为0.7%，反应温度为65℃，反应时间为8h。

8.3.2　羽毛多肽含量对酶载体形态的影响

表8-2为不同质量比的混合纺丝液性质和纤维的直径，图8-5为不同质量比的P（MA-co-AA）/FP复合纳米纤维膜的扫描电镜图。

表8-2　不同质量比的混合纺丝液性质和纤维的直径

P（MA-AA）/FP 质量比	黏度 /（Pa·s）	电导率 /（μs·cm⁻¹）	纤维的平均直径 /nm
95：5	3.10	25.22	704
90：10	3.42	27.50	660
85：15	3.75	40.78	521
80：20	4.15	52.20	462
75：25	5.08	61.80	—

从表8-2中可知，当纺丝液中P（MA-co-AA）的质量分数一定时，随着羽毛多肽含量的增加，溶液的总质量分数也增加，溶液的黏度和导电率随着总质量分数增加而增大。溶液黏度增加的主要原因是羽毛多肽的氨基与P（MA-co-AA）中的羧基形成氢键。随着羽毛多肽含量的增加，氢键密度也增加，分子间作用力增大，使得纺丝液的黏度也随之增加。溶液的导电率增大主要是由于羽毛多肽中含有氨基和酰胺键等极性基团，随着极性基团含量的增加，溶液的导电性增加。

从图8-5中可以看出，不同混纺比的P（MA-co-AA）/FP复合纳米纤维成纤效果均较好，且随着羽毛多肽含量的增加，纤维的直径逐渐减小。这主要与P（MA-co-AA）/FP混合纺丝液的性能有关。在静电纺丝过程中，当纺丝工艺条件一定时，纤维直径主要与纺丝液的性质有关。结合表8-2可知，当羽毛多肽的含量由5%增加到20%时，纺丝液的黏度由3.10Pa·s增加到4.15Pa·s，此时溶液的黏滞力较大，电导率也增加，在电场的作用下由于阴极吸引，射流所带的静电力产生的拉伸作用力增大，从而在电场中得到很好的牵伸，使得纤维直径更加均匀。而且纺丝液静电力增加的幅度大于高分子间作用力增加的幅度，因而，纤维直径减小。

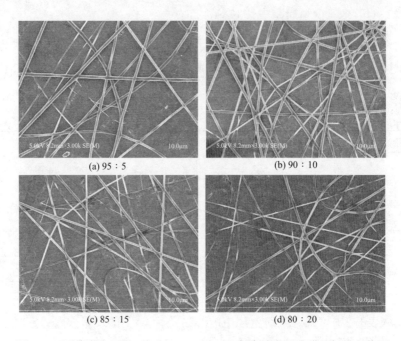

(a) 95 : 5 (b) 90 : 10

(c) 85 : 15 (d) 80 : 20

图 8-5 不同质量比的 P（MA-co-AA）/FP 复合纳米纤维膜的扫描电镜图

8.3.3 化学结构分析

在上述最佳参数下，制得P（MA-co-AA）/FP（80：20）复合纳米纤维膜。如图8-6所示，从羽毛多肽谱线a可以看出，3309cm^{-1}的吸收峰为O—H键伸缩振动，1658cm^{-1}、1533cm^{-1}、1234cm^{-1}的伸缩振动吸收峰分别归属于酰胺Ⅰ带（C=O键伸缩振动）、酰胺Ⅱ带（N—H键伸缩振动）和酰胺Ⅲ带（C—N键伸缩振动）；从P（MA-co-AA）谱线b可以看出，3448cm^{-1}为O—H键伸缩振动、2956cm^{-1}为C—H键伸缩振动，1733cm^{-1}和1703cm^{-1}分别为酯基与羧基的C=O键伸缩振动，1166cm^{-1}为C—O—C键的伸缩振动，960cm^{-1}为O—H键面外弯曲振动；从P（MA-co-AA）/FP复合纳米纤维膜谱线c可以看出，O—H键伸缩振动吸收峰向低波数移动，N—

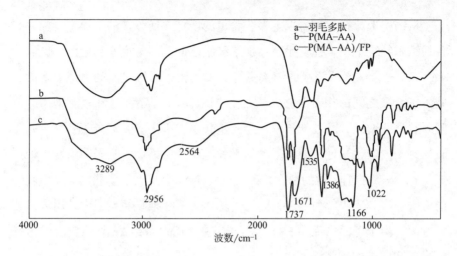

图 8-6 羽毛多肽、P（MA-co-AA）、P（MA-co-AA）/FP 的红外光谱图

H键伸缩振动和C═O键伸缩振动吸收峰向高波数方向移动，这主要是由于P（MA-co-AA）与羽毛多肽形成较强的氢键的作用，说明两组分达到分子水平的分散。

8.3.4 力学性能分析

表8-3为不同P（MA-co-AA）/FP质量比纳米纤维膜的力学性能。从表中可知，加入5%羽毛多肽时，P（MA-co-AA）/FP纳米纤维膜断裂强度增加到12.86MPa，断裂伸长率减少为117.8%；随着羽毛多肽含量的增加，P（MA-co-AA）/FP纳米纤维膜的断裂强度先增大后减小，断裂伸长率逐渐减小。

表 8-3 不同质量比纳米纤维膜的力学性能

P（MA-co-AA）/ 羽毛多肽质量比	平均厚度 /mm	断裂强度 /MPa	断裂伸长率 /%
100：0	0.05	7.35	156.5
95：5	0.10	12.86	117.8
90：10	0.10	15.05	87.6
85：15	0.15	11.81	65.4
80：20	0.15	10.72	52.3

从结构上分析，随着羽毛多肽含量的增加，纺丝液的电导率增加，制备的纳米纤维平均直径变小，增加了纤维之间的接触面积，使P（MA-co-AA）/FP复合纳米纤维膜的结构变得更加紧密，纤维之间的摩擦力增大，减少了纤维之间的相对滑移，从而使得P（MA-co-AA）/FP复合纳米纤维膜断裂强度增加，断裂伸长率减小。从分子水平上看，高分子断裂主要是破坏分子内的化学键、分子间的氢键和范德瓦尔斯力、分子间滑脱三种形式[25]，随着羽毛多肽的加入，P（MA-co-AA）与羽毛多肽之间产生较强的氢键，有利于P（MA-co-AA）/FP复合纳米纤维膜断裂强力的增大。另一方面，由于P（MA-co-AA）大分子链在P（MA-co-AA）/FP复合纳米纤维膜中起主导作用，随着P（MA-co-AA）含量的减小，P（MA-co-AA）分子间作用力减小，使得P（MA-co-AA）/FP复合纳米纤维膜断裂强度减小；同时由于部分羽毛多肽分子链镶嵌在P（MA-co-AA）大分子链段之间，从而使得P（MA-co-AA）大分子链段在拉伸过程中不能得到很好的牵伸，导致P（MA-co-AA）/FP复合纳米纤维膜的断裂伸长率减小。

综合以上两点可知，羽毛多肽含量由0增加到10%时，纤维的直径变小，使得其断裂强度增加，同时P（MA-co-AA）与羽毛多肽之间的氢键作用也有利于增加纤维的断裂强度。虽然纳米纤维直径的减小有利于P（MA-co-AA）/FP复合纳米纤维膜强度的增加，但是羽毛多肽含量的增加，使得起主导作用的P（MA-co-AA）大分子链减少，最终使得纳米纤维膜的断裂强度减小。

8.3.5 亲水性能分析

P（MA-co-AA）/FP复合纳米纤维膜的亲水性可以通过测试纳米纤维膜表面与水的接触角来评价。动态接触角（DCA）是通过悬挂在微量天平上的样品刚进入润湿介质和刚出润湿介质的临界状态时受力的大小计算而获得的前进角和后退角[26]。由于受样品表面的粗糙度、化学多相[27]等因素的影响，一般后退角小于前进角，其差值为滞后角。

表8-4为不同P（MA-co-AA）/FP质量比纳米纤维膜动态接触角。从

表中可知，P（MA-co-AA）/FP复合纳米纤维膜的前进角和后退角随着羽毛多肽含量的增加而逐渐减小。

前进角反映纳米纤维膜表面低能组分的特性，当纳米纤维膜处于空气中时，为了减小纳米纤维膜表面自由能，低能组分倾向于在纳米纤维膜表面富集[28]。随着P（MA-co-AA）含量的减少和羽毛多肽含量的增加，纳米纤维膜的前进角从76.32°减小到55.68°，这是由于羽毛多肽的加入，使纳米纤维膜中增加了极性官能团（酰胺基、氨基），从而使低能组分相对减少。

后退角反映纳米纤维膜表面高能组分的特性，随着羽毛多肽含量的增加，复合纳米纤维膜中极性官能团含量增多，在水中浸润后，埋在复合纳米纤维膜内部与水极性相近官能团，逐渐向纳米纤维膜表面翻转以降低纳米纤维膜与水的界面张力[29]，从而使后退角逐渐减小。

随羽毛多肽含量的增加，滞后角由32.09°增加到48.60°，说明羽毛多肽的存在增加了纳米纤维表面异值不均匀性。

表8-4　不同质量比纳米纤维膜动态接触角

P（MA-co-AA）/FP 质量比	前进角/（°）	后退角/（°）	滞后角/（°）
100 : 0	76.32	44.23	32.09
95 : 5	72.99	36.43	36.56
90 : 10	70.13	31.17	38.96
85 : 15	65.22	23.90	41.32
80 : 20	55.68	7.08	48.60

8.3.6　对牛血清蛋白的吸附

材料表面对蛋白质的吸附行为可以反映材料的生物相容性。一般而言，材料的抗蛋白吸附性能越好，其生物相容性越好，可以更好地维持所吸附蛋白质的空间构象。图8-7为不同羽毛多肽浓度制得的P（MA-co-AA）/FP复合纳米纤维膜对BSA的吸附。

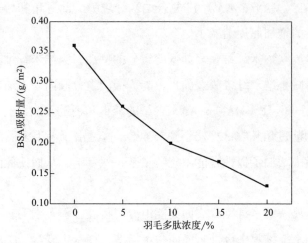

图 8-7　不同羽毛多肽浓度制得的 P（MA-co-AA）/FP 复合纳米纤维膜对 BSA 的吸附

从图8-7可以看出，P（MA-co-AA）/FP复合纳米纤维膜的BSA吸附量为0.36g/m²；加入羽毛多肽后，纳米纤维膜对BSA吸附量显著减少，且纳米纤维膜对BSA的吸附量随着羽毛多肽含量的增加而减小。当羽毛多肽含量为20%时，BSA吸附量仅为0.12g/m²。这表明，羽毛多肽的加入能够提高纳米纤维膜抗蛋白吸附的能力，表现出更好的生物相容性。这是由于亲水性材料与水分子之间形成氢键，使得水分子在材料表面有序排列，当疏水溶质要接近材料表面时，必须破坏这种有序水，此时需要能量，不易进行，从而可以抑制蛋白质的吸附[30]。

8.3.7　酶载量和活性的影响因素

8.3.7.1　碳二亚胺浓度

表8-5为碳二亚胺（EDC）浓度对P（MA-co-AA）/FP复合纳米纤维膜对HRP固定化的影响。从表中可知，随着EDC浓度的增加，从1mg/mL增加到10mg/mL，P（MA-co-AA）/FP复合纳米纤维膜的载酶量逐渐增加；当EDC浓度继续增加时，其载酶量不再增加，酶活性保留值变化不大。这主要是受纳米纤维膜上羧基的活化率（羧基转化为NHS活性酯的效率）的影响。一般地，EDC/NHS浓度越高，羧基转化为NHS活性酯的量越多，有

利于载酶量的提高。但由于纳米纤维上的羧基数量一定，当EDC/NHS达到一定浓度时，活化率就会达到饱和，继续增加EDC/NHS浓度，其载酶量不再增加。综合实验结果，选择浓度为10mg/mL的EDC活化纤维膜。

表 8-5 EDC 浓度对 HRP 固定化的影响

EDC/（mg·mL^{-1}）	HRP 固定化量/（mg·g^{-1}）	酶活性保留值/%
1	40.58	28.6
5	72.86	28.8
10	88.27	28.5
15	88.30	28.4

注 活性保留值是相对于游离酶的活性。

8.3.7.2 羽毛多肽浓度

图8-8为羽毛多肽浓度对固定化酶载酶量及相对活性的影响。从图中可知，当加入5%羽毛多肽后，固定化酶的载酶量由88.27mg/g增加到116.35mg/g，且随着羽毛多肽浓度的增加，载酶量逐渐增加。固定化酶的活性也逐渐增大。当羽毛多肽浓度为20%时，P（MA-co-AA）/FP-HRP载酶量达到156mg/g，其活性保留值为游离HRP的63%，相对于P（MA-co-AA）-HRP，其酶活提高了35%。这主要是由于随着羽毛多肽浓度的增

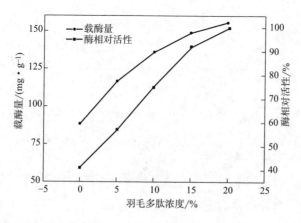

图 8-8 羽毛多肽浓度对固定化酶载酶量及相对活性的影响

加，载体中的反应位点增多，载酶量增加；同时，混纺纳米纤维膜的生物相容性也得到提高，优良的生物相容性为P（MA-co-AA）/FP-HRP提供了友好的微环境，有利于酶活性的提高。

8.3.7.3 戊二醛浓度

图8-9为戊二醛浓度对P（MA-co-AA）/FP复合纳米纤维膜固定化HRP的活性影响。从图中可知，载酶量随着戊二醛浓度增加而增大，当戊二醛浓度超过6%时，载酶量增加较缓慢。这主要是由于随着戊二醛含量的增加，羽毛多肽中更多的氨基与戊二醛反应，增加了反应位点的数量，从而纳米纤维膜载酶量增加；当戊二醛浓度达到一定时，纳米纤维表面的氨基与戊二醛已基本完全反应，反应位点不再增加，因而载酶量不再显著增长。另外，从图中还可以看出，当戊二醛含量超过4%时，固定化酶的相对活性逐渐降低。这可能是由于戊二醛浓度增大，载酶量增加，被固定化在纤维表面的酶过于拥挤，酶分子之间相互作用增强，降低酶构象伸展的灵活度，从而酶活性有所降低[31]。

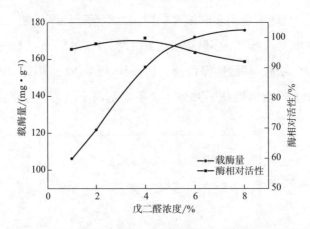

图8-9　戊二醛浓度对固定化酶载酶量及相对活性的影响

8.3.7.4 酶液浓度

图8-10为酶液浓度对固定化酶载酶量的影响。从图中可知，随着酶液浓度的增加，两种载体的载酶量均是先增加而后保存不变，与P（MA-co-AA）纳米纤维膜相比较，P（MA-co-AA）/FP复合纳米纤维膜具有更高的

载酶量。HRP质量浓度为0.2mg/mL时，P（MA-co-AA）纳米纤维膜载酶量为88.27mg/g，基本达到平衡；之后随着HRP质量浓度的增加，载酶量基本不变。当HRP质量浓度为0.4mg/mL时，P（MA-co-AA）/FP复合纳米纤维膜载酶量达到156mg/g，基本达到平衡；之后随着HRP质量浓度的增加，载酶量也基本保持不变。这是由于载体的反应位点数一定，当酶液浓度较低时，随着酶液浓度的增加，载酶量增加，当酶液达到一定浓度时，反应位点全部与酶结合后，载酶量不再变化。对于P（MA-co-AA）/FP复合纳米纤维膜，经戊二醛反应和EDC/NHS活化羧基后具有更多的反应位点，呈现出更高的载酶量。

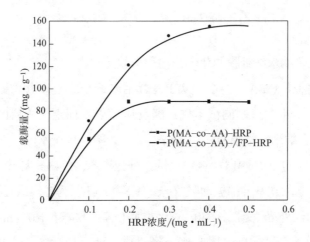

图8-10 酶液浓度对固定化酶载酶量的影响

8.3.7.5 *酶液*pH

图8-11为酶液pH对固定化酶相对活性的影响。从图中可知，当酶液的pH小于7时，两种载体固定化HRP的活性均随着pH增加而增大；在pH为7时，固定化HRP的活性最高；继续增加溶液的pH，固定化HRP的活性都有不同程度的降低。这主要是由于酶在酸碱度极端的条件下，酶蛋白的天然构象遭到破坏，从而固定化酶的活性降低，甚至失活。根据分析结果，本文控制酶液的pH在7.0，作为酶的固定化最佳pH。

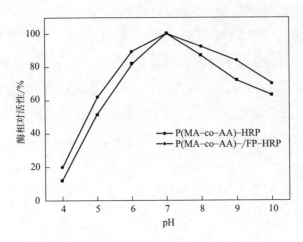

图 8-11　酶液 pH 对固定化酶相对活性的影响

8.3.8　固定化纳米纤维膜的化学结构和形貌

　　为了表征P（MA-co-AA）/FP复合纳米纤维膜是以共价键结合的方式固定化酶，本章分别测试了戊二醛反应后以及固定化酶后P（MA-co-AA）/FP复合纳米纤维膜的红外光谱，结果如图8-12所示。

　　图8-12（a）为P（MA-co-AA）的红外光谱图，1743cm^{-1}和1717cm^{-1}分别是酯基与羧基的羰基伸缩振动吸收峰。图8-12（b）为P（MA-co-AA）/FP纳米纤维的红外光谱图，1650cm^{-1}处酰胺I带吸收峰和1678cm^{-1}的羟基吸收峰均为羽毛多肽的特征吸收峰。经过戊二醛反应后的，在1655cm^{-1}和1724cm^{-1}处有很强的吸收峰，如图8-12（c）所示，它们分别是C＝N键和醛基的吸收峰。图8-12（d）为固定化HRP后的红外光谱图，从固定化HRP前后红外光谱图很明显看出C＝N键的吸收峰依然存在，而醛基的吸收峰消失。从图8-12（c）和（d）可知，1724cm^{-1}处的醛基吸收峰消失，主要是由于醛基与HRP中氨基形成反应。同时，C＝N键伸缩振动在1655cm^{-1}处得到加强，这是由于纤维与HRP之间反应形成C＝N键。以上结果表明，HRP是以共价键结合的方式固定在P（MA-co-AA）/FP复合纳米纤维膜上。

　　图8-13为固定化酶前后的扫描电镜图片。从图中可以看出，固定化酶后的纤维表面有大量的酶分子黏附，且形态均较好，与未固定化酶的

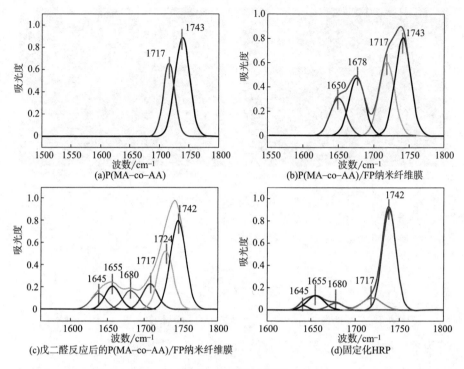

图 8-12　红外光谱图

纤维相比，直径有所增加。同时，从图中也可以看到，附着在 P（MA-co-AA）/FP 复合纳米纤维膜上酶蛋白的含量明显比附着在 P（MA-co-AA）纳米纤维膜上酶蛋白的含量更密集，说明在相同的条件下，P（MA-co-AA）/FP 复合纳米纤维膜的载酶量高于 P（MA-co-AA）纳米纤维膜的载酶量，这主要是由于 P（MA-co-AA）/FP 复合纳米纤维膜具有更多的反应位点，这与上述的结论一致。同时看出，固定化酶膜的部分纤维之间有粘连，这是由于酶分子之间相互作用而产生凝聚[14]。

8.3.9　固定化酶反应动力学

　　酶反应动力学是一个复杂的课题，本文仅研究了 HRP 酶促反应中米氏常数 K_m 和最大反应速率 V_{max} 两个反应动力学参数。

　　米氏（Michaelis-Menton）方程是基于酶催化机理，描述了这种基本

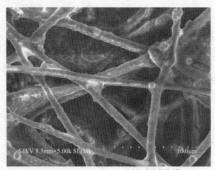
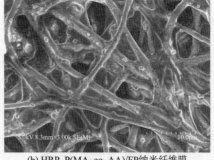

(a) HRP-P(MA-co-AA)纳米纤维膜   (b) HRP-P(MA-co-AA)/FP纳米纤维膜

图8-13　固定化酶前后的扫描电镜图片

动力学关系的公式：

$$V_0 = \frac{V_{max}[S]}{K_m[S]} \qquad (8-8)$$

式中：V_0为反应初始速率；V_{max}为最大反应速率；$[S]$为底物浓度；K_m为米氏常数。

米氏方程是一个双曲线函数，K_m和V_{max}的计算较为复杂。为了计算方便，通常采用Lineweaver-Burk作图法进行计算：

$$\frac{1}{V_0} = \frac{K_m}{V_{max}} \times \frac{1}{[S]} + \frac{1}{V_{max}} \qquad (8-9)$$

K_m是酶的特征常数，只与酶的性质有关，与底物浓度和酶浓度无关。一般而言，K_m值越小，表明酶与底物的亲和力强，达到饱和时所需底物浓度越小；对于固定化酶来说，酶与底物的亲和力将受到底物扩散和酶—载体界面的生物相容性的影响，通常底物扩散阻力越小，载体的生物相容性越好，K_m越小[32]。

表8-8为游离HRP和固定化HRP的动力学参数。由实验结果可知，HRP在固定化后，V_{max}减小，K_m增大，说明固定化HRP酶促反应速率减小，以及与底物亲和力减弱，这是由于酶固定化后，酶蛋白构象发生变化，使得酶活性降低。另外，P（MA-co-AA）/FP-HRP的K_m值更小，说明P（MA-co-AA）/FP-HRP与底物之间的生物亲和力得以提高。

表 8–6　游离 HRP 和固定化 HRP 的动力学参数

项目	Vmax/mmol · $(\text{min} \cdot \text{mg})^{-1}$	Km/ $(\text{mmol} \cdot \text{L}^{-1})$
游离 HRP	0.254	1.98
P（MA–co–AA）–HRP	0.071	3.35
P（MA–co–AA）/FP–HRP	0.158	2.54

8.3.10　固定化酶的最适催化 pH 和温度

8.3.10.1　催化反应最适pH

图8–14为pH对HRP相对活性的影响。由图中可以看出，P（MA–co–AA）–HRP和游离HRP的催化反应最适pH为7.0，P（MA–co–AA）/FP–HRP的最适pH为7.5，说明P（MA–co–AA）–HRP/FP的催化反应最适pH向大的方向移动。此外，固定化HRP的相对活性随pH的变化曲线比游离HRP变化曲线更宽。这可能是由于pH的变化致使游离酶的构象受到严重的影响，导致酶易失活，而固定化HRP与载体以共价键结合，酶的构象得到了稳定。

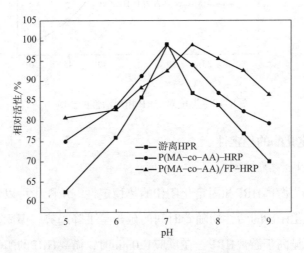

图 8–14　pH 对 HRP 相对活性的影响

8.3.10.2　催化反应最适温度

图8–15为温度对HRP相对活性的影响。由图中可以看出，游离HRP的

催化反应最适温度为25℃，而固定化HRP的催化反应最适温度有所提高，P（MA-co-AA）-HRP和P（MA-co-AA）/FP-HRP的催化反应最适温度分别为30℃和35℃。当温度超过最适温度时，游离HRP和固定化HRP活性均呈下降趋势。这是由于固定化HRP的构象得到限制，需要在较高的温度下才能表现出最大的活性[33]。此外，P（MA-co-AA）/FP-HRP催化反应最适温度高于P（MA-co-AA）-HRP，这可能是由于羽毛多肽的加入增加了酶的结合位点，稳定了酶的构象。从图中还可以看出，当温度高于30℃时，在同一温度下，固定化HRP比游离HRP具有更高的相对活性，说明固定化HRP表现出更好的抗热性能。

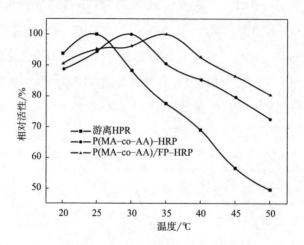

图 8-15　温度对 HRP 相对活性的影响

8.3.11　固定化酶的稳定性

8.3.11.1　热稳定性

图8-16为游离HRP和固定化HRP的热稳定性。从图中可以看出，游离HRP与固定化HRP的活性均随着时间的延长呈下降趋势，但固定化HRP的热稳定性明显高于游离HRP。在反应120min时，游离HRP的酶活性仅为初始活性的13%，而P（MA-co-AA）-HRP和P（MA-co-AA）/FP-HRP的酶活性分别为初始活性的54%和68%，这进一步表明了HRP通过固定化后耐热性能明显提高。这是因为酶分子与载体间主要以共价键结合，酶蛋白的

构象得到了稳定，使HRP活性中心的稳定性增加，从而提高了HRP的耐热稳定性。

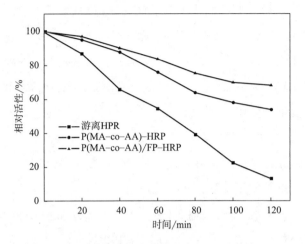

图 8-16　游离 HRP 和固定化 HRP 的热稳定性

8.3.11.2　储存稳定性

由于游离酶稳定性较差，存放一段时间后酶活性会损失。因此，固定化酶储存稳定性是反映固定化酶性能的一个重要指标。游离HRP和固定化HRP分别在4℃下储存35天，每隔一定时间取出一份样品测定其活性，研究酶的储存稳定性。图8-17为游离HRP和固定化HRP的储存稳定性关系图。

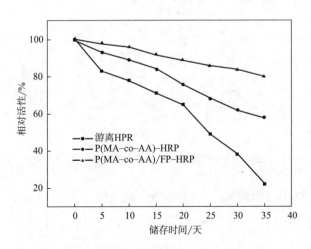

图 8-17　游离 HRP 和固定化 HRP 的储存稳定性关系图

从图中可以看出，游离HRP和固定化HRP的活性随着储存时间的延长逐渐降低，在相同的储存条件下，游离HRP活性的损失明显比固定化HRP的活性损失快，35天后游离HRP的活性仅保留初始活性的22%，P（MA-co-AA）-HRP的酶活性保持在初始活性的58%，而P（MA-co-AA）/FP-HRP的酶活性仍能保持在初始活性的82%左右。这说明HRP经固定化后，储存稳定性得到显著地提高。这可能是由于HRP固定化后，酶活性位点所处的微环境发生了变化[34]。

8.3.11.3　重复使用稳定性

与游离酶相比，固定化酶比较容易从反应物中分离和重复使用。实际上，固定化酶重复使用次数越多，酶残留活性越低。其原因，一方面是酶在催化反应时，生成产物的堆积可能覆盖了一部分酶的活性中心，从而影响下一次酶的催化反应；另一方面是随着PBS缓冲液冲洗次数的增加，部分酶发生脱落。因此，固定化酶的重复使用性是反映固定化酶性能的重要参数之一。图8-18为固定化HRP的重复使用次数对相对活性的影响。

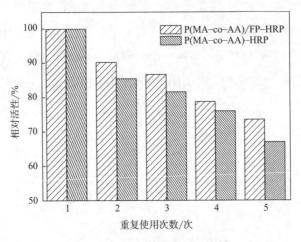

图 8-18　固定化 HRP 的重复使用稳定性

从图8-18中可以看出，经过5次重复使用后，P（MA-co-AA）-HRP的活性为初始活性的67%，而P（MA-co-AA）/FP-HRP的活性保持为初始活性的73%，且P（MA-co-AA）/FP-HRP比P（MA-co-AA）-HRP具有

更好的重复使用性。这主要是由于羽毛多肽的加入提高了载体的生物相容性，可更好地保持酶的构象，改善了酶催化的微环境。良好的重复使用性，使 P（MA-co-AA）/FP-HRP 具有更好的实际应用价值，为固定化 HRP 处理废水提供了有力的保障。

8.4 结论

（1）采用溶液聚合法制备了丙烯酸甲酯-丙烯酸共聚物 P（MA-co-AA）。最佳共聚条件：单体浓度为 25%，引发剂占单体总质量比为 0.7%，反应时间为 8h，反应温度为 65℃。在最佳的反应条件下，其转化率可达 78%。

（2）用静电纺丝方法成功制备了一种生物相容性的 P（MA-co-AA）/FP 复合纳米纤维膜，并用作固定 HRP 的基体。含 FP 的纳米材料可以提高 HRP 的加载量，而不破坏催化活性。当酶液 pH 为 7 时，固定化酶具有最大相对活性；在最佳固定化酶条件下，固定化载酶量为 156mg/g，比 P（MA-co-AA）纳米纤维膜具有更高的载酶量，P（MA-co-AA）/FP-HRP 的活性保留值为 63%，相对于 P（MA-co-AA）-HRP，其活性保留值提高了 35%。

（3）反应动力学研究表明，固定化 HRP 的动力学参数如下：V_{max}=0.158mmol/（min·mg），K_m=2.54mmol/L。最适反应温度为 35℃，最适 pH 为 7.5。通过固定化的方法，HRP 的热稳定性、储存稳定性和重复使用性有明显的改善；在 60℃下处理 120min，其活性保持在初始活性的 68%，而游离 HRP 仅为 13%，4℃条件下储存 35 天能保留 82% 的活性，而游离 HRP 仅为 22%，固定化酶重复使用 5 次，活性为初始活性的 73%。P（MA-co-AA）/FP 固定化 HRP 的良好性能，可归因于羽毛多肽表面的—NH$_2$组，提供了结合 HRP 的多个位点。本研究表明，P（MA-co-AA）/羽毛各肽纳米上的固定酶，可在废水处理和其他酶催化中具有潜在的应用。

参考文献

［1］LORENA，BETANCOR，HEATHER，et al. Bioinspired enzyme encapsulation for biocatalysis［J］. Trends in Biotechnology，2008，26（10）：566-572.

［2］ANDERSON E M，LARSSON K M，KIRK O. Biocatalysis and biotransformation one biocatalyst-many applications：The use of candida antarctica B- lipase in organic synthesis［J］. One Biocatalyst Many Applications：The Use of Candzda Antarctica，1998，16：181‐204.

［3］FENG Q，YONG Z，WEI A，et al. Immobilization of catalase on electrospun PVA/PA6-Cu（Ⅱ）nanofibrous membrane for the development of efficient and reusable enzyme membrane reactor［J］. Environmental Science & Technology，2014，48（17）：10390.

［4］GUESDON J L，TERNYNCK T，AVRAMEAS S. The use of avidin-biotin interaction in immunoenzymatic techniques［J］. Journal of Histochemistry & Cytochemistry，1979，27（8）：1131-1139.

［5］DUTTA S，WU C W. Enzymatic breakdown of biomass：Enzyme active sites，immobilization，and biofuel production［J］. Green Chemistry，2014，16（11）：4615-4626.

［6］HOMAEI A A，SARIRI R，VIANELLO F，et al. Enzyme immobilization：An update［J］. Journal of Chemical Biology，2013.

［7］AHMAD R，SARDAR M. Enzyme immobilization：An overview on nanoparticles as immobilization matrix［J］. Biochem. Anal. Biochem，2015（4）：1-8.

［8］D' SOUZA S F. Immobilized enzymes in bioprocess［J］. Curr. Sci. 77（1999）：69-79.

[9] KIM T G, PARK T G. Surface functionalized electrospun biodegradable nanofibers for immobilization of bioactive molecules [J]. Biotechnol. Progr, 2006(22): 1108–1113.

[10] TRAN D N, BALKUS K J. Perspective of recent progress in immobilization of enzymes [J]. Acs Catalysis, 2015, 1 (8): 956–968.

[11] JOCHEMS P, SATYAWALI Y, DIELS L, et al. Enzyme immobilization on/in polymeric membranes : Status, challenges and perspectives in biocatalytic membrane reactors (BMRs) [J]. Green Chemistry, 2011, 13 (7): 1609–1623.

[12] GREINER A, WENDORFF J . Elektrospinnen : Eine faszinierende Methode zur Prparation ultradünner Fasern [J]. Angewandte Chemie, 2007, 119.

[13] DING Y, KANG Y, ZHANG X. Enzyme–responsive Polyment assemblies constructed through covalent synthesis and supramolecular strategy [J]. Chemical Communication, 2014, 51 (6): 996–1003.

[14] BHATNAGAR S, VENUGANTI V. Cancer targeting : Responsive polymers for stimuli–sensitive drug delivery [J]. Journal of Nanoscience & Nanotechnology, 2015, 15 (3): 1925.

[15] GUPTA A, DHAKATE S R, PAHWA M, et al. Geranyl acetate synthesis catalyzed by Thermomyces lanuginosus lipase immobilized on electrospun polyacrylonitrile nanofiber membrane [J]. Process Biochemistry, 2013, 48 (1): 124–132.

[16] ZENG J, AIGNER A, CZUBAYKO F, et al. Poly (vinyl alcohol) nanofibers by electrospinning as a protein delivery system and the retardation of enzyme release by additional polymer coatings [J]. Biomacromolecules, 2005, 6 (3): 1484–1488.

[17] KIM M, PARK J M, YOON J, et al. Synthesis and characterization of CLEA–lysozyme immobilized PS/PSMA nanofiber. [J]. Journal of

Nanoscience & Nanotechnology, 2011, 11（9）: 7894.

[18] NIKIFOROV T T, RENDIE R B, PHILIP G, et al. Genetic bit analysis : A solid phase method for typing single nucleotide polymorphisms. [J]. Nucleic Acids Research, 1994, 22（20）: 4167-75.

[19] WONG D E, SENECAL K J, GODDARD J M. Immobilization of chymotrypsin on hierarchical nylon 6, 6 nanofiber improves enzyme performance [J]. Colloids & Surfaces B Biointerfaces, 2017, 154: 270-278.

[20] MOFFA M, POLINI A, SCIANCALEPORE A G, et al. Microvascular endothelial cell spreading and proliferation on nanofibrous scaffolds by polymer blends with enhanced wettability [J]. Soft Matter, 2013, 9: 5529-5539.

[21] ROUSE J G, DYKE M V. A Review of keratin-based biomaterials for biomedical applications [J]. Materials, 2010, 3（2）: 999-1014.

[22] PAUL T, MANDAL A, MANDAL S M, et al. Enzymatic hydrolyzed feather peptide, a welcoming drug for multiple-antibiotic-resistant staphylococcus aureus : Structural analysis and characterization [J]. Applied Biochemistry&Biotechnology, 2015, 175: 3371-3386.

[23] KOTCHEY G P, GAUGLER J A, KAPRALOV A A, et al. Effect of antioxidants on enzyme-catalysed biodegradation of carbon nanotubes [J]. J Mater Chem B Mater Biol Med, 2013, 1（3）: 302-309.

[24] ZHAI R, ZHANG B, WAN Y, et al. Chitosan-halloysite hybrid-nanotubes : Horseradish peroxidase immobilization and applications in phenol removal [J]. Chemical Engineering Journal, 2013, 214: 304-309.

[25] WANG X Y, DREW C, LEE S H, et al. Electrospun nanofibrous membranes for highly sensitive optical sensors [J]. Nano Letters, 2002, 2（11）: 1273-1275.

［26］KI C S，GANG E H，UM N C，et al. Nanofibrous membrane of wool keratose/silk fibroin blend for heavy metal ion adsorption［J］. Journal of Membrane Science，2007，302（1-2）：20-26.

［27］YANG W Y，THIRUMAVALAVAN M，MALINI M，et al. Development of silica gel-supported modified macroporous chitosan membranes for enzyme immobilization and their characterization analyses［J］. The Journal of Membrane Biology，2014，247（7）：549-559.

［28］KIM B C，NAIR S，KIM J，et al. Preparation of biocatalytic nanofibres with high activity and stability via enzyme aggregate coating on polymer nanofibres［J］. Nanotechnology，2005，16（7）：382-388.

［29］叶鹏. 丙烯腈/马来酸共聚物膜与脂肪酶的固定化［D］. 杭州：浙江大学，2006.

［30］蒋珺. 丙烯腈/丙烯酸共聚物纳米纤维膜的制备及脂肪酶的固定化［D］. 杭州：浙江大学，2007.

［31］凤权. 功能性纳米纤维的制备及固定化酶研究［D］. 无锡：江南大学，2012.

［32］高亚娟. 辣根过氧化物酶的生物印迹及其催化低聚苯胺的合成［D］. 西安：西北师范大学，2008.

［33］张东华. 辣根过氧化物酶在有机合成中的应用［J］. 应用化工，2006，35（10）：805-808.

［34］戚红卷，陈苏红，王升启. 辣根过氧化物酶（HRP）底物的研究进展［J］. 军事医学科学院院刊，2007，32（6）：560-563.

第9章 P（GMA-co-MA）/FP复合纳米纤维膜固定脂肪酶的研究

9.1 引言

酶是生物催化剂，因其高催化效率而被广泛应用于许多领域。然而，酶的稳定性和循环利用率往往限制了其应用[1-3]。克服这些问题的有效方法是将酶固定在固体物上[4-7]。目前研究出不同种类的纳米结构材料，如纳米球、纳米粒和纳米纤维，并且已经广泛应用于传感器、光子晶体和酶固定等不同领域[8-12]。

在这些纳米结构材料中，由于纳米颗粒和纳米纤维的比表面积大，近年来被大量研究作为酶固定化的载体[13-15]。其中，纳米颗粒分散和回收的困难限制了它们在酶固定化中的应用。然而，纳米纤维膜不仅可以解决回收问题，还可以有效提高酶负载量和催化效率。因此，将各种静电纺聚合物纳米纤维膜用于酶固定领域[16-17]。

酶在纳米纤维膜上的固定化可以通过不同的方法进行。其中，酶与载体的共价键固定是提高酶稳定性的最佳方法之一[18-19]。酶与载体的共价固定发生在酶蛋白的侧链氨基酸和载体上的官能团之间[20-23]。目前载体上反应基团研究最广泛的是腈基、氨基、羧基和环氧基团[24-27]。反应性环氧基团可以在酶和载体之间提供多点共价连接，从而降低酶的流动性并提高稳定性。环氧基载体可以在温和的条件下与酶反应，减少酶的化学修饰。然而，由于环氧基载体的疏水性和刚性表面，酶活性会降低[28-29]。针对生物相容性调整载体表面是提高酶活性的有效方法。天然高分子材料具有良好生物相容性，如壳聚糖和明胶调整载体表面，以提高酶活性[30-31]。

羽毛多肽（FP）具有优异的生物相容性，是角蛋白的水解产物[32]。在第8章的研究表明[33]，通过静电纺丝法制备了含有生物相容性羽毛多肽的P（MA-co-AA）/FP复合纳米纤维膜，用于固定辣根过氧化物酶，且具有较高的稳定性和良好的重复使用性。本章，通过静电纺丝法制备了一种新型聚（甲基丙烯酸缩水甘油酯-甲基丙烯酸酯）/羽毛多肽［P（GMA-co-MA）/FP］复合纳米纤维膜，其中含有反应性环氧基团和生物相容性羽毛多肽，用于固定化脂肪酶。本章研究了不同FP含量和温度对固定化脂肪酶载量和酶活性的影响；通过红外光谱分析和扫描电镜图像表征固定化脂肪酶的化学结构和形态；采用Lineweaver-Burke方法测量游离和固定化脂肪酶的动力学参数；研究固定化脂肪酶的催化反应（pH和温度）以及酶稳定性（温度、再利用和有机溶剂）的影响。

9.2 实验部分

9.2.1 实验材料与仪器

9.2.1.1 实验材料

甲基丙烯酸缩水甘油酯（GMA）、丙烯酸甲酯（MA）、无水乙醚、丙酮、无水乙醇、巯基乙酸、浓盐酸、氢氧化钠、十二烷基苯磺酸钠、橄榄油、磷酸，国药集团化学试剂有限公司（中国上海）。N, N-二甲基甲酰胺购自无锡市亚盛化工有限公司。偶氮二异丁腈（AIBN），化学纯，上海四赫维化工有限公司。羽毛，安徽东隆羽绒制品有限公司。

9.2.1.2 实验仪器

SA2003N型多功能电子天平，常州市衡正电子仪器有限公司。

SH05-3型电动搅拌器，江苏杰瑞尔电器有限公司。DHG-9091A型烘箱，上海一恒科学仪器有限公司。KQ-400KDB型超声波振荡器，昆山市超声仪器有限公司。DDS-307型电导率仪，上海精密科学仪器有限公司。NDJ-9型旋转式黏度计，上海路达仪器厂。YG005E型电子式单纤维强力机，温州方圆仪器有限公司。LGJ-12型冷冻干燥机购自北京松源华兴科技发展有限公司。静电纺丝机，实验室自制。

9.2.2　实验方法

9.2.2.1　含环氧基P（GMA-co-MA）-g-PEO共聚物的制备

以AIBN为引发剂，称取一定质量的GMA、MA、PEGMEMA（质量比1∶1∶6）于48mL的DMF溶剂中。在N_2的保护下于水浴振荡器中进行聚合反应，反应一定时间后，用对羟基苯酚终止，制备得到P（GMA-co-MA）-g-PEO共聚物溶液。

9.2.2.2　聚合物的纯化及转化率测试

准确称取一定质量聚合物溶液，记为m_0。将聚合物用蒸馏水洗涤，除去小分子的单体和杂质，用乙醚/丙酮体积比为7∶3的混合溶液洗涤以除去均聚物，再用上述溶剂交替洗涤两次，过滤、冷冻干燥、称量，得到纯化之后的P（GMA-co-MA）-g-PEO共聚物，并准确称取质量记为m_1，以纯化后聚合物的质量与反应的单体的总质量的比率来表示单体转化率。根据式（9-1）计算：

$$转化率 = \frac{m_0}{w \cdot m_1} \times 100\%　　　　（9-1）$$

式中：w为聚合物的质量分数。

9.2.2.3　聚合物特性黏数的测定

采用毛细管法测定黏度。称取一定量的含环氧基聚合物配成不同浓度梯度的DMF溶液50mL于干净的乌氏黏度计内，置于30℃恒温槽内恒温待用。用乌氏黏度计先测定出纯溶剂DMF的流出时间t_0，然后再测出不同浓度梯度的聚合物溶液的流出时间t，由此可以得到不同浓度下的η_r和η_{sp}；分别以η_{sp}/C和$\ln\eta/C$对C作图，得两条直线，将直线外推至$C=0$，得到的共同截距就是特性黏数$[\eta]$。

聚合物的分子量可以通过特性黏数由经典的Mark-Houwink式（9-2）计算得到，由于K、α的值对于本实验制备的含环氧基聚合物没有公认的数值，所以直接以特性黏数来表观其分子量。

$$[\eta]=KM^{\alpha} \tag{9-2}$$

9.2.2.4 聚合物合成条件的优化

配置单体浓度分别为10%、18%、25%、33%、40%的反应液，引发剂质量分数（引发剂占单体总质量的比列）均为0.6%，控制反应温度均为65℃，聚合反应时间均为8h，探究单体浓度对聚合物转化率与特性黏数的影响。

配置单体浓度均为25%的反应液，质量分数分别为0.2%、0.4%、0.6%、0.8%、1%的引发剂，控制反应温度均为65℃，聚合反应时间均为8h，探究引发剂质量分数对聚合物转化率与特性黏数的影响。

配置单体浓度均为25%的反应液，引发剂质量分数均为0.6%，控制反应温度分别为50℃、58℃、65℃、72℃、80℃，聚合反应时间为8h，探究反应温度对聚合物转化率与特性黏数的影响。

配置单体浓度均为25%的反应液，引发剂质量分数均为0.6%，控制反应温度均为65℃，聚合反应时间为1h、3h、5h、7h、9h和11h，探究反应时间对聚合物转化率与特性黏数的影响。

9.2.2.5 P（GMA-co-MA）共聚物的合成及羽毛多肽和纳米纤维膜的制备

将GMA 15.4g、MA 5.1g和DMF 48mL加入三颈圆底烧瓶中，在氮气氛围下向混合物中加入AIBN 0.312g。然后将圆底烧瓶放入70℃水浴振荡器中。反应一段时间后，向混合物中加入对羟基苯酚终止反应。蒸除溶剂，真空干燥反应产物至质量恒定。用蒸馏水和乙醚/丙酮混合溶剂（体积比3∶1）交替洗涤3次，然后真空干燥至质量恒定，得到纯化的P（GMA-co-MA）共聚物。共聚物的重均分子量M_w为220530，数均分子量

M_n为146230，分子量分布为1.508。

　　称取5g羽毛粉，将其用质量分数为5%的醇酸漂洗15min，烘干，投放到14g/L的尿素、0.2mol/L的十二烷基苯磺酸钠、2g/L的巯基乙酸组成的还原处理体系中；在氮气保护下搅拌，80℃下反应2h后过滤、清水漂洗、低温烘干得到还原处理后的羽毛粉体；将还原处理的羽毛粉体进行氢氧化钠水解，固定水解工艺为：氢氧化钠浓度为6g/L，浴比为1∶50，温度为100℃，水解时间为40min；水解结束后将水解液过滤，取滤液，用pH为2.0的盐酸水溶液酸析水解滤液至pH为4.2，水解产物析出，过滤、水洗，冷冻干燥后得到羽毛多肽。

　　将羽毛多肽按照质量分数为1.5%、3.0%、4.5%、6.0%，7.5%（羽毛所占共聚物的质量分数）与P（GMA-co-MA）二元共聚物共混配制复合纺丝液，并用磁力搅拌器充分搅拌24h至纺丝溶液均匀透明，待用。将制备好的纺丝液转移到容量为5mL、针头内径为0.7mm的注射器中，水平放置于推进器上。调节纺丝电压、注射器推进速度、针头距离与接收板（15cm×10cm铝箔）的距离。静电纺丝过程在环境气温为20℃、空气湿度为25%条件下进行，12h后，从铝箔上揭下纳米纤维膜，用冷冻干燥机干燥，保存。

9.2.2.6　脂肪酶的固定化

　　用甲醇与去离子水将纤维载体交替洗涤3次，取一定质量的载体放置在5mL离心管中，然后加入一定pH和浓度的CALB游离酶液。将离心管放置在30℃的水浴恒温振荡器下轻轻摇动，酶固定化开始进行。反应一段时间后，取出离心管过滤得到固定化酶。进一步用磷酸盐缓冲液（0.05mol/L，pH为7.0）清洗固定化酶直到在洗涤溶液中检测不到蛋白质，同时，收集酶液和清洗液，以供测试载酶量。固定化酶在4℃下储存备用。制备固定有脂肪酶的静电纺P（GMA-co-MA）/FP复合纳米纤维膜的详细程序如图9-1所示。

9.2.2.7　含环氧基/羽毛多肽复合纳米纤维膜固定化影响因素

　　（1）羽毛多肽含量对载酶量与酶活的影响。将羽毛多肽含量分别为

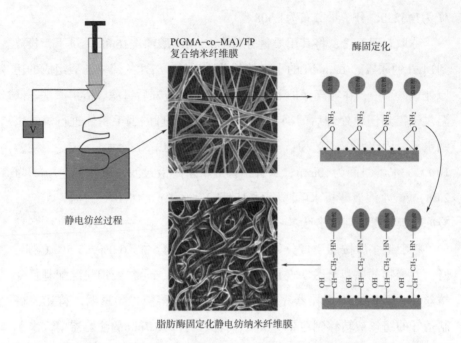

图 9-1　脂肪酶固定化静电纺 P（GMA-co-MA）/FP 复合纳米纤维膜制备过程示意图

0、1.5%、3.0%、4.5%、6.0%的纳米纤维膜载体，按照9.2.2.6方法进行酶的固定化。具体固定化工艺为，反应体系pH为7，CALB酶液浓度为12mg/mL，固定化温度为30℃，固定化时间为5h。

（2）固定化温度对载酶量与酶活的影响。将羽毛多肽含量为3%的载体作为研究对象，讨论在不同的温度梯度下（15℃，25℃，30℃，35℃，40℃，50℃），对载酶量与酶活的影响。其他实验条件：pH为7，CALB酶液浓度为12mg/mL，固定化时间为5h。

9.2.3　测试方法

9.2.3.1　载体的性能测试

（1）力学性能。先测量并记录纤维膜酶载体的厚度，然后将其剪成2cm×6cm大小，设定初始长度为1cm，预加张力为0.4cN，初始拉力值为2.5cN，拉伸速度为15mm/min，测试纤维膜酶载体的力学性能，并按照式（9-3）计算断裂强度。每个样品测5次，求出平均值。

$$断裂强度（MPa）=\frac{断裂强力（N）}{膜厚（mm）\times 膜宽（mm）} \qquad (9-3)$$

（2）吸水性能。取40mg纤维膜酶载体，将其放入蒸馏水中，每隔一段时间拿出，用滤纸吸除膜表面的水，称量得到吸水后质量，由式（9-4）计算纤维膜酶载体的吸水倍率。

$$吸水倍率（\%）=\frac{m_{吸水后}-m_{吸水前}}{m_{吸水前}} \qquad (9-4)$$

9.2.3.2 酶载量和活性的测定

用移液枪移取0.3mL蛋白溶液和3.0mL Bradford工作液于干燥洁净的小离心管中，充分混合，于25℃水浴振荡下密闭显色10min。同时取0.3mL PBS（0.05M，pH7.0）和3.0mL Bradford工作液混合，于25℃水浴振荡下显色10min，作为空白对照。利用紫外分光光度计测试固定化酶前后反应液的吸光度，参照BSA标准曲线确定蛋白质浓度。根据下式计算载酶量，每组实验测试3次，取平均值。

$$A_e=\frac{(C_0-C)\times V-C_W\times V_W}{W}\times 100 \qquad (9-5)$$

式中：A_e为载酶量（mg/g）；C_0为固定化前酶液中蛋白质浓度（mg/mL）；C为固定化后酶液中蛋白质浓度（mg/mL）；V为固定化酶所用酶溶液的体积；C_W为洗涤固定化酶后PBS缓冲液中的酶液浓度（mg/mL）；V_W为所用PBS缓冲液的体积（mL）；W为纤维载体的质量。

采用橄榄油水解法测试脂肪酶的催化活力：以橄榄油为底物，将1mL橄榄油加入3mL、0.05mol/L的磷酸盐缓冲溶液中，先在37℃下水浴恒温预热5min，然后加入一定量的固定酶或游离酶，反应10min后立即加入8mL甲苯，继续搅拌2min后，终止反应，同时萃取生成的脂肪酸溶液；进一步，将溶液在4000r/min下离心10min，取上层有机相4mL于锥形瓶中，加入1mL显色剂反应3min，生成脂肪酸铜的甲苯溶液，再用紫外分光光度计在710nm波长处测其吸光度；以相同的方法做空白试验。该方法定义每分钟释放出1μmol脂肪酸所需的酶量为1个脂肪酶活力单位（U）。活力计算方法见下式。

固定化酶酶活计算：

$$a = \frac{C_1 V_1}{tM} \tag{9-6}$$

式中：a为固定化酶活力（U/g）；C_1为脂肪酸浓度（mmol/L）；V_1为脂肪酸溶液体积，为8.8mL；M为固定化酶膜的质量（g）；t为催化反应时间，为10min。

游离酶酶活计算：

$$a = \frac{1000 C_1 V_1}{t C_2 V_2} \tag{9-7}$$

式中：a为游离脂肪酶活力（U/g）；C_1为脂肪酸浓度（mmol/L）；V_1为脂肪酸溶液体积，为8.8mL；C_2为酶液的浓度（mmol/L）；V_2为酶液的用量mL；t催化反应时间，为10min。

9.2.3.3 P（GMA-co-MA）及其固定化纳米纤维膜的表征

固定化前后P（GMA-co-MA）共聚物和P（GMA-co-MA）纳米纤维膜的化学结构通过IR Prestige-21型傅里叶变换红外光谱进行表征。采用日立S-4800扫描电子显微镜在喷金后观察固定化前后纳米纤维膜的形态。

9.2.3.4 动力学参数的测定

采用Lineweaver-Burke双倒数法测定游离脂肪酶和固定化脂肪酶的动力学常数。实验中，配制不同底物（橄榄油）质量浓度（0.0526g/mL，0.0789g/mL，0.1052g/mL，0.1315g/mL，0.1578g/mL，0.1841g/mL，0.2104g/mL），分别测出酶催化橄榄油水解的初速率，通过初速率倒数与底物浓度倒数作图，用Origin软件拟合得到一直线方程。由下式即可得到动力学常数K_m与V_{max}值。

$$\frac{1}{V_0} = \frac{K_m}{V_{max}} \times \frac{1}{[S]} + \frac{1}{V_{max}} \tag{9-8}$$

式中：V_0为酶催化反应初速率（$mmol \cdot L^{-1} \cdot min^{-1}$）；$K_m$为催化体系的特征常数；$[S]$为底物的质量浓度（$g \cdot mL^{-1}$）。

9.2.3.5 pH和温度对脂肪酶催化反应的影响

为测定pH对固定化酶活性的影响，将自由酶和固定化酶样品在不同pH下（4~10）催化橄榄油，测定其活性。实验所用的P（GMA-co-MA）-g-PEO（用PEO提高酶载体的亲水性）纳米纤维膜固定化酶载酶量为150mg/g，所用的P（GMA-co-MA）/FP纳米纤维膜固定化酶载酶量为89mg/g（以纳米纤维干重计）。以最高活性为100%，得出相对活性，按下式计算：

$$R_r = \frac{v}{v_{max}} \times 100\% \qquad (9-9)$$

式中：R_r为相对活性；V为不同pH或温度下的脂肪酶活性（U）；V_{max}为最高酶活性（U）。

9.2.3.6 固定化脂肪酶的稳定性

本部分研究了固定化脂肪酶的热稳定性、重复使用稳定性和有机溶剂稳定性。热稳定性通过游离和固定化脂肪酶在不同温度下保持3h的残留活性来确定。用过的固定化脂肪酶与催化反应后的底物溶液分离，用PBS缓冲液洗涤；然后通过将其放入新的橄榄油溶液中进行催化反应来确定重复使用稳定性。固定化脂肪酶的有机溶剂稳定性通过将固定化脂肪酶浸入35℃的甲醇有机溶剂中的残留活性来确定。残留活性通过下式计算：

$$R_a = \frac{A_t}{A_0} \times 100\% \qquad (9-10)$$

式中：R_a为残留活性；A_t为不同处理后脂肪酶的活性（U）；A_0为初始活性（U）。

9.3   结果与讨论

9.3.1   含环氧基 P（GMA–co–MA）–g–PEO 共聚物的制备

图9–2是单体浓度对聚合物分子量和转化率的影响。由图中可以看出，聚合物的分子量随单体浓度的增加而增加；单体转化率在单体浓度增加的过程中出现了一个极大值。这是因为单体浓度过大，使得体系中分子链的运动能力降低，链末端受包裹程度提高，导致单体转化率降低；单体浓度过低时，溶剂中含有的有害杂质越多，从而也会降低单体的转化率。当单体浓度为33%时，共聚物分子量和转化率达到最佳值，此时转化率为73%。

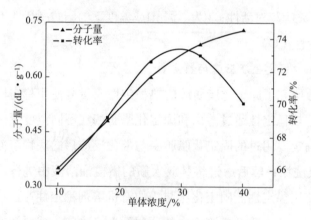

图 9–2   单体浓度对聚合物分子量和转化率的影响

图9–3是引发剂浓度对聚合物分子量和转化率的影响。从图中可以看出，随着引发剂浓度的增加，单体转化率增加而分子量递减。当引发剂浓度为0.6%时，聚合反应可以同时得到较高的共聚物分子量与转化率，此时转化率为73.1%。

图9–4是反应时间对聚合物分子量和转化率的影响。由图中可以看出转化率与反应时间的关系，说明该聚合反应前期接近匀速聚合，后期聚合逐渐缓慢。共聚物分子量前期也基本随着时间的增加匀速增长，这与一些

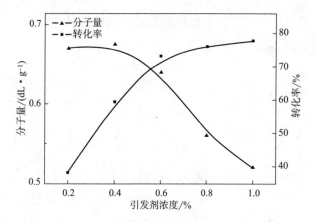

图 9-3　引发剂浓度对聚合物分子量和转化率的影响

溶液聚合分子量迅速增大不同，这是由于聚合反应中含有大单体聚乙二醇甲基丙烯酸酯（PEGMEMA），所以在反应初期，聚合体系就具有一定的黏度，长链自由基不易扩散，活性末端受到覆盖，延长了链的增长寿命，所以共聚物的分子量可以随时间增加而逐渐增加。

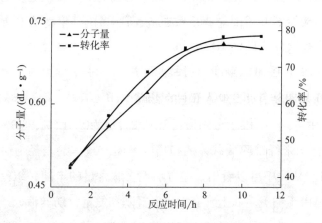

图 9-4　反应时间对聚合物分子量和转化率的影响

图9-5是反应温度对聚合物分子量和转化率的影响。从图中可以看出，温度在50～60℃之间，聚合物分子量较缓慢地增大，但单体转化率不高；当反应温度高于60℃时，聚合物分子量迅速降低，且聚合反应不易控制，这主要是因为反应温度过高，会增加活性自由基的数目，产生较多的

反应热量，热量散失过慢会导致链终止速率加快，从而使得分子量下降。因此，反应温度以65℃为宜。

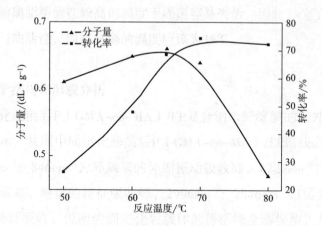

图 9-5　反应温度对聚合物分子量和转化率的影响

综上所述，P（GMA-co-MA）-g-PEO共聚物制备的最佳条件是：单体浓度为33%，引发剂浓度为0.6%，反应时间为8h，反应温度为65℃。在最佳的反应条件下，其转化率可达73%。所制备的共聚物的重均分子量M_w为220530，数均分子量M_n为146230。

9.3.2　羽毛多肽含量对酶载体形态的影响

图9-6中（a）~（e）分别为羽毛多肽含量为0，1.5%，3.0%，4.5%，6.0%的复合纳米纤维膜酶载体的扫描电镜图。载体的直径与纺丝液的关系见表9-1。从表中可以看出，随着羽毛多肽含量的增加，纺丝液的黏度加大。这是由于羽毛多肽上含有大量的羟基和氨基，纺丝液分子间可以形成较多的氢键，促使了分子链之间的缠结，增加了纺丝液的黏度。同时，纺丝液的电导率随羽毛多肽的增加而逐渐加大。这是因为羽毛多肽的引入，纺丝液的介电常数变大，电导率增加。在其他纺丝条件不变时，纤维的直径受纺丝液黏度与电导率的双重影响。黏度越大，表面张力越大，纺丝液滴分裂能力减弱，因此，纤维的直径也增大；其次，溶液导电性的增加，使得纤维在电场中更容易被牵伸，从而使得纤维的直径减小。

图 9-6　不同羽毛多肽含量时的纤维膜酶载体的扫描电镜图

表 9-1　不同羽毛多肽含量的载体的直径

羽毛多肽含量	电导率 /（μs·cm⁻¹）	黏度 /（mPa·s）	平均直径 /nm
0	8.08	80	1215
1.5%	12.42	118	756
3.0%	14.64	139	631
4.5%	15.2	163	851
6.0%	16.1	215	1064
7.5%	16.6	312	—

从表9-1和图9-6（a）～（e）可以看出，当羽毛多肽含量为0～3%时，纤维的直径受纺丝液电导率影响较大，纤维的直径从1215nm减少到

631nm；当羽毛多肽含量为3%～6%时，纺丝液黏度成为影响聚合物形态的主导因素，纤维的直径从631nm增加到1064nm；当羽毛多肽含量为7.5%时，纺丝液黏度过大，使得溶液在喷丝口处由于溶剂少易挥发而凝结，最后堵塞针头，无法进行静电纺丝。

9.3.3 化学结构分析

P（GMA-co-MA）的化学结构如图9-7（a）所示。P（GMA-co-MA）和P（GMA-co-MA）/FP复合纳米纤维膜的红外光谱如图9-7（b）所示。从图中GMA谱线a和P（GMA-co-MA）谱线b可以看出，$1633cm^{-1}$为GMA的C＝C双键特征峰，在P（GMA-co-MA）中未出现该峰，说明单体双键已经参与共聚反应；$908cm^{-1}$、$846cm^{-1}$为环氧基的伸缩振动吸收

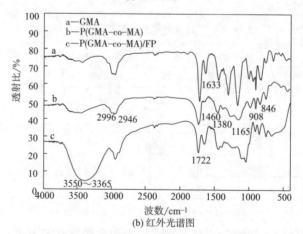

(a) 化学结构

(b) 红外光谱图

图9-7　P（GMA-co-MA）的化学结构以及GMA、P（GMA-co-MA）和P（GMA-co-MA）/FP的红外光谱图

峰，$1722cm^{-1}$、$1161cm^{-1}$分别为酯羰基、醚键的特征吸收峰；$2996cm^{-1}$、$2946cm^{-1}$归属为—CH_2、—CH_3的特征吸收，说明通过溶液聚合，制备得到了P（GMA-co-MA）共聚物。从P（GMA-co-MA）/FP谱线c可以看出，P（GMA-co-MA）与羽毛共混之后，对比谱线b，$3550\sim3365cm^{-1}$出现较宽而且较强的—OH键特征吸收峰，$1693\sim1635cm^{-1}$为P（GMA-co-MA）中酯羰基与羽毛中酰胺Ⅰ带的羰基伸缩振动峰，$1519cm^{-1}$为酰胺Ⅱ带的N—H振动峰，另外$908cm^{-1}$、$846cm^{-1}$处环氧基特征吸收峰减弱，这也说明复合纤维膜中环氧基与羽毛多肽上的伯胺基发生反应。红外分析表明，本研究成功制备了P（GMA-co-MA）与羽毛多肽的复合纳米纤维膜。

9.3.4　力学性能分析

表9-2为P（GMA-co-MA）/FP复合纳米纤维膜酶载体的力学性能。从表中可以看出，载体的断裂强度随着羽毛多肽含量的增加，呈先增大后减小的趋势。当羽毛多肽含量从0增加至3.0%时，制备的纤维膜酶载体平均直径减小，使得纤维之间接触面积增加，从而使得纳米纤维膜断裂强度增加，另外少量的羽毛多肽粉在某种程度上也对载体起到补强的作用。当羽毛多肽含量继续增加时，纤维直径变大，另外载体中起主要作用的大分子链相对减少，从而导致断裂强度下降。

表 9-2　不同羽毛多肽含量的纤维膜酶载体的力学性能

羽毛多肽含量 /%	断裂强力 /cN	平均厚度 /mm	断裂强度 /MPa
0	1435.2	0.12	11.96
1.5	2176.4	0.16	13.60
3.0	1916.4	0.06	31.94
4.5	1868.1	0.08	23.35
6.0	1520.4	0.12	12.67

9.3.5 吸水性能分析

图9-8为P（GMA-co-MA）/FP复合纳米纤维膜酶载体的吸水倍率随时间的变化关系，载体在吸附初期吸水速率很快，后期吸水速率缓慢下降直至吸收平衡，这是由于载体的纤维直径比较小，并且载体上含有大量的亲水基团（氨基、羧基等），后期由于亲水基团被大量消耗，导致吸水速率缓慢下降，直至最后吸附饱和。另外，随着羽毛多肽粉含量的增加，载体中含有的亲水性基团增多，吸水倍率提高。从图中还可以看出，不含羽毛多肽的载体在3h左右就达到吸收平衡，而羽毛多肽占6.0%的复合纳米纤维膜在5h后才达到吸收平衡，主要原因是前者只能在纤维的表面发生吸附，吸收平衡所需时间较短，而后者由于纤维表面和内部含有大量的亲水基团，吸收平衡所需时间较长。

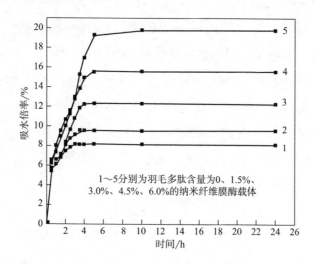

图 9-8 不同羽毛多肽含量的纤维膜酶载体的吸水倍率

9.3.6 酶载量和活性的影响

9.3.6.1 羽毛多肽的含量

图9-9为羽毛多肽含量对酶载量和酶活性的影响。从图中可以看出，随着羽毛多肽含量的增加，P（GMA-co-MA）/FP复合纳米纤维膜酶载体上环氧值逐渐降低，这是因为羽毛多肽中的伯胺基通过交联消耗了载体上

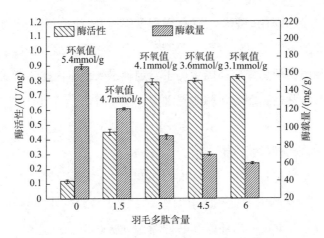

图 9-9　羽毛多肽含量对酶载量和酶活性的影响

一部分的环氧基团。酶的固定量也因此随着羽毛多肽含量的增加而逐渐降低，同样说明了载体通过共价键合来实现酶的固定化。另外，从图中可以看出，P（GMA-co-MA）纳米纤维固定化酶酶活较低，羽毛多肽的引入对酶活性有着显著的提高，说明羽毛多肽在酶固定化过程中有利于酶构象的稳定。基于高酶载量和高活性，羽毛多肽的最佳含量为3.0%。

9.3.6.2　固定温度

图9-10为固定化温度对酶量和酶活性的影响。从图可以看出，随着固定化温度的增加，载体上的环氧基团与游离酶上的氨基可以更加有效的

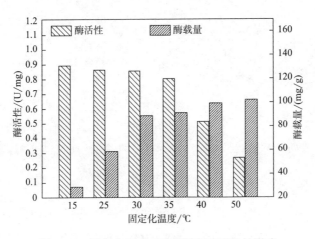

图 9-10　固定化温度对酶载量和酶活性的影响

发生共价键合，因此载酶量得到很大程度的提升。然而，当温度继续增加40℃时，载酶量的提升速度不是很明显，但是酶活却很大程度上降低了，这是由于游离脂肪酶在较高的温度下固定容易失活。因此，为了获得较高的载酶量与酶活性，固定化酶的温度应该为35℃。

9.3.7 化学结构和形貌分析

固定化酶前后P（GMA-co-MA）/FP复合纳米纤维膜的红外光谱图如图9-11所示。从图中固定化酶前后P（GMA-co-MA）/FP谱线a和b可以看出，908cm^{-1}、846cm^{-1}为环氧基的伸缩振动吸收峰，1722cm^{-1}、1161cm^{-1}分别为酯羰基、醚键的特征吸收峰，2996cm^{-1}、2946cm^{-1}归属为—CH$_2$、—CH$_3$的特征吸收，说明酶固定化后载体的特征峰全部保留。从谱线b可以看出，酶固定化之后，对比谱线a，908cm^{-1}、846cm^{-1}处环氧基特征吸收峰减弱，这说明P（GMA-co-MA）/FP复合纤维膜中环氧基与酶发生了共价键合而有所消耗。

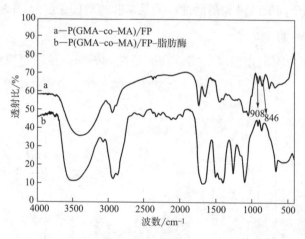

图9-11　脂肪酶固定前后P（GMA-co-MA）/FP复合纳米纤维膜的红外光谱

含环氧基纳米纤维膜固定化酶前后的扫描电镜图如图9-12所示。从图中可以看出，酶固定化后纳米纤维膜发生了轻微的溶胀，但是还具备微纳米级结构。因此，P（GMA-co-MA）/FP复合纳米纤维膜的结构在固定过

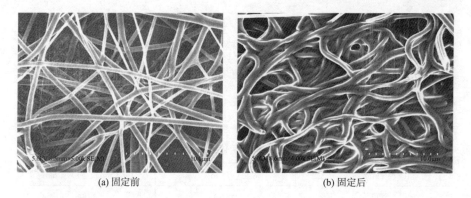

(a) 固定前	(b) 固定后

图 9-12　P（GMA-co-MA）/FP 复合纳米纤维膜在脂肪酶固定前后的扫描电镜图

程中没有被破坏。

9.3.8　动力学参数

在米氏方程中，K_m 反映的是酶与底物的亲和力，即 K_m 值越小，亲和力越好，反之则亲和力越差；V_{max} 反映出酶催化反应快慢的程度。游离酶和固定化脂肪酶的 Lineweaver-Burke 曲线如图 9-13 所示。根据图中的拟合方程，得到动力学常数数值见表 9-3。从表中可以看出，酶固定化后，其催化反应的速率降低，这主要是由于酶固定化后其分子构象发生了改变以及空间位阻效应导致的。从表中还可以看出，固定化酶的 K_m 值较游离酶

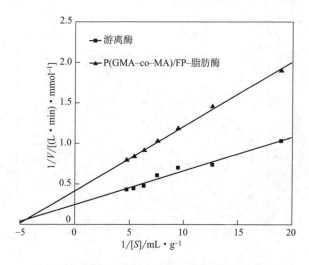

图 9-13　游离酶和固定酶的 Lineweaver-Burke 图

大，这反映出固定化酶与底物的亲和力较弱。主要有两方面的原因，首先酶固定化后其空间位阻增大，减小了酶与底物的接触面积，从而降低了酶与底物的亲和性；其次当载体电荷与酶电荷相同时，只有增加底物浓度才能获得较高的反应速度。

表9-3 游离酶和固定化脂肪酶动力学参数

种类	$K_m/(\mathrm{g \cdot mL^{-1}})$	$V_{max}/(\mathrm{mmol \cdot L^{-1} \cdot min^{-1}})$
游离酶	0.169	4.096
P（GMA-co-MA）/FP脂肪酶	0.190	2.404

9.3.9 固定化脂肪酶的最适催化pH和温度

9.3.9.1 催化反应最适pH

游离酶和固定化酶作为一种生物催化剂，酸碱度对其催化性能有很大程度的影响，一般pH的变化会使酶的空间结构发生改变。实验中，选用不同pH（4~10），通过测定酶的活性，考察酶催化最适pH。图9-14表示酶的相对活性与pH的关系。从图中可以看出，在pH位于4~10的范围内，固定化酶相对于游离酶具有较高的活性，P（GMA-co-MA）/FP-脂

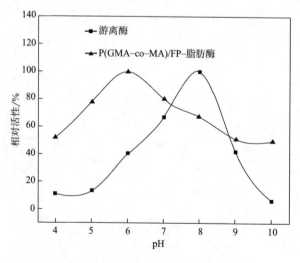

图9-14 酶的相对活性与pH的关系

肪酶的最适pH在6.0左右，游离酶的最适pH在8.0左右。实验结果表明，P（GMA-co-MA）/FP-脂肪酶的构象更加稳定，从而降低了pH对酶的空间结构的破坏，减少了酶活性的损失。

9.3.9.2 催化反应最适温度

图9-15表示酶的相对活性与温度的关系。从图中可以看出，在不同的温度梯度下，游离酶和固定化酶具有不同的催化活性，游离酶在30℃时相对活性达到最大值，固定化酶P（GMA-co-MA）/FP-脂肪酶的最适温度为35℃。另外，在整个实验选取的温度范围内，固定化的相对活性普遍要高于游离酶，这也在一定程度上反映出脂肪酶在固定化后比自由状态具有更好的稳定性。这是由于酶分子与纳米纤维的多点连接，稳定了酶的构象，防止酶因受热而导致肽链折叠发生伸展变形，影响酶的活性[34]。

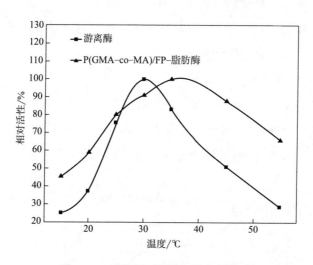

图 9-15 酶的相对活性与温度的关系

9.3.10 固定化脂肪酶的稳定性

9.3.10.1 热稳定性

图 9-16 表示游离和固定化脂肪酶的热稳定性。从图中可以看出，随着温度的提高，酶的热稳定性下降。在3h内固定化酶和自由酶的活性保留值呈现非常显著的差异：在40℃下存放，游离酶相对活性为43%，P

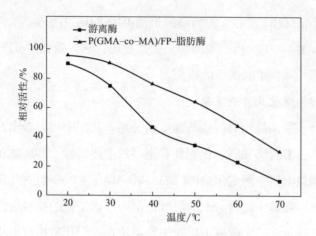

图 9-16　游离和固定化脂肪酶的热稳定性

（GMA-co-MA）/FP-脂肪酶相对活性79%；在70℃下存放，游离酶活性损失较为严重，其相对活性仅为15%，P（GMA-co-MA）/FP-脂肪酶相对活性仍然可以分别达到38%。由此可见，固定化酶可以降低温度对酶空间结构的改变，从而减少酶活性的损失。

9.3.10.2　重复使用稳定性

图9-17表示P（GMA-co-MA）/FP-脂肪酶的可重复使用性。从图中可以看出，固定化酶具有良好的重复使用稳定性。P（GMA-co-MA）/FP-脂肪酶在使用7次后，酶的活性可以保留62%，体现了较好的重复使用稳定性。

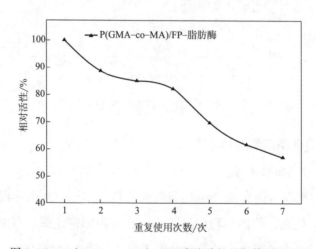

图 9-17　P（GMA-co-MA）/FP-脂肪酶的重复使用稳定性

9.3.10.3 有机溶剂的稳定性

图9-18表示P（GMA-co-MA）/FP-脂肪酶的有机溶剂稳定性。从图中可以看出，固定化酶在甲醇有机溶剂中，35℃环境下12h内都具有非常高的活性。P（GMA-co-MA）/FP-脂肪酶的有机溶剂稳定性如图9-18所示。P（GMA-co-MA）/FP-脂肪酶在35℃下浸入甲醇中以评估其有机溶剂稳定性。P（GMA-co-MA）/FP-脂肪酶在甲醇中处理12h后相对活性接近75%，显示出良好的有机溶剂稳定性。

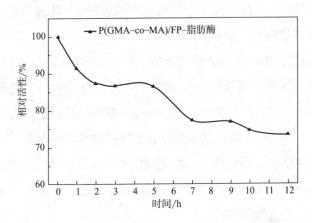

图9-18 P（GMA-co-MA）/FP-脂肪酶的有机溶剂稳定性

将固定化脂肪酶的稳定性与我们最近关于含有亲水性聚环氧乙烷支链的新型三元共聚物P（GMA-co-MA）-g-PEO复合纳米纤维膜的研究进行比较，用作固定脂肪酶的支持物以提高脂肪酶稳定性，结果表明 P（GMA-co-MA）/FP-脂肪酶具有更高的可重复使用性和有机溶剂稳定性。P（GMA-co-MA）/PF-脂肪酶重复使用7次后残留活性为62%，甲醇处理12h后残留活性接近75%，而 P（GMA-co-MA）-g-PEO-脂肪酶在5 次重复使用后残留活性为45%，在甲醇中处理12h后残留活性接近70%。

9.4 结论

（1）通过自由基共聚合成功制备了P（GMA-co-MA）-g-PEO共聚物，研究了聚合条件对聚合物分子量和转化率的影响。结果表明最佳共聚条件为：单体浓度为33%，引发剂浓度为0.6%，反应时间为8h，反应温度为65℃。在最佳的反应条件下，其转化率可达73%。共聚物的重均分子量M_w为220530，数均分子量M_n为146230。

（2）通过静电纺丝方法成功制备了P（GMA-co-MA）/FP复合纳米纤维膜酶载体。研究结果表明：当羽毛多肽含量为3.0%时，纳米纤维膜酶载体纤维形态较好，纤维直径约为631nm，载体的断裂强度为31.94MPa。所制备的P（GMA-co-MA）/FP复合纳米纤维膜酶载体含有可以与酶发生反应的功能性基团（环氧基），与此同时羽毛多肽的引入，增加了生物相容性且使力学性能提高，因此，P（GMA-co-MA）/FP复合纳米纤维膜是一种优良的固定化酶载体。

（3）当羽毛多肽含量为3%和固定化温度为35℃时，固定化脂肪酶实现了更高的酶载量和活性。生物相容性羽毛多肽有利于酶构象的稳定，促进酶活性和稳定性的提高。在最佳固定化酶条件下，固定化载酶量为89mg/g，最适反应温度为35℃，最适pH为6.0；通过酶的固定化，脂肪酶的热稳定性、重复使用稳定性有明显的改善；在70℃下处理3h，其活性保持79%，而游离酶仅为15%，固定化酶重复使用7次，残留活性为62%。同时，固定化酶具有较好的耐有机溶剂性，在有机溶剂中存储12h后，仍然具有75%的相对活力，展现出在有机合成中良好的应用前景。

（4）该研究表明，生物相容性羽毛多肽有利于提高酶的稳定性和活性，P（GMA-co-MA）/FP-脂肪酶可能在酶催化领域实现潜在应用。

参考文献

［1］ITOH T，HANEFELD U . Enzyme catalysis in organic synthesis［J］. Green Chemistry，2017，19（2）: 331–332.

［2］SHODA S，UYAMA H，KADOKAWA J，et al. Enzymes as green catalysts for precision macromolecular synthesis［J］. Chem. Rev，2016（116）: 2307–2413.

［3］QUAN J，LIU Z，BRANFORD-WHITE C，et al. Fabrication of glycopolymer/MWCNTs composite nanofibers and its enzyme immobilization applications［J］. Colloids & Surfaces B Biointerfaces，2014，121: 417–424.

［4］HUSAIN，QAYYUM. Nanomaterials as novel supports for the immobilization of amylolytic enzymes and their applications : A review［J］. Biocatalysis，2017，3（1）: 37–53.

［5］LI P，MODICA J A，HOWARTH A J，et al. Toward design rules for enzyme immobilization in hierarchical mesoporous metal–organic frameworks［J］. Chem. 2016（1）: 154–169.

［6］CHAO D，SUN H，REN J，et al. Immobilization of enzyme on chiral polyelectrolyte surface［J］. Analytica Chimica Acta，2017，952: 88–95.

［7］NARUCHI K，NISHIMURA S I. Membrane–bound stable glycosyltransferases : Highly oriented protein immobilization by a C–terminal cationic amphipathic peptide［J］. Angew. Chem. Int. Ed，2011（50）: 1328–1331.

［8］FRATODDI I，BEARZOTTI A，VENDITTI I，et al. Role of nanostructured polymers on the improvement of electrical response–based relative humidity sensors［J］. Sensor Actuat. B–Chem，2016（225）: 96–108.

［9］BEARZOTTI A，MA CA GNANO A，PANTALEI S，et al．Alcohol vapor sensory properties of nanostructured conjugated polymers［J］．Journal of Physics Condensed Matter，2008，20（47）：1005-1008．

［10］D'AMATO R，VENDITTI I，RUSSO M V，et al．Growth control and long-range self-assembly of poly（methyl methacrylate）nanospheres［J］．J．Appl．Polym．Sci，2006（102）：4493-4499．

［11］ANGELIS R D，VENDITTI I，FRATODDI I，et al．From nanospheres to microribbons：Self-assembled Eosin Y doped PMMA nanoparticles as photonic crystals［J］．J Colloid Interface，2014，414：24-32．

［12］MAHMOUDIFARD M，SOUDI S，SOLEIMANI M，et al．Efficient protein immobilization on polyethersolfone electrospun nanofibrous membrane via covalent binding for biosensing applications［J］．Materials Science & Engineering C，2016，58（Jan．）：586-594．

［13］YAO C，WEN L，SVEC F，et al．Magnetic AuNP@Fe$_3$O$_4$ nanoparticles as reusable carriers for reversible enzyme immobilization［J］．Chemical Engineering Journal，2016，286：272-281．

［14］GE L，ZHAO Y S，MO T，et al．Immobilization of glucose oxidase in electrospun nanofibrous membranes for food preservation［J］．Food Control，2012，26（1）：188-193．

［15］LI S F，FAN Y H，HU J F，et al．Immobilization of pseudomonas cepacia lipase onto the electrospun PAN nanofibrous membranes for transesterification reaction［J］．Journal of Molecular Catalysis B Enzymatic，2011，73（1-4）：98-103．

［16］JI X Y，SU Z G，LIU C X，et al．Regulation of enzyme activity and stability through positional interaction with polyurethane nanofibers［J］．Biochem．Eng．J，2017（121）：147-155．

［17］WANG Z G，WAN L S，LIU Z M，et al．Enzyme immobilization on electrospun polymer nanofibers：An overview［J］．Journal of Molecular

Catalysis B Enzymatic，2009，56（4）：189-195.

［18］BEZERRA C S，LEMOS C M G F，SOUSA M，et al. Enzyme immobilization onto renewable polymeric matrixes：Past，present，and future trends［J］. Journal of Applied Polymer Science，2015，132（26）.

［19］TANG C，SAQUING C D，MORTON S W，et al. Cross-linked polymer nanofibers for hyperthermophilic enzyme immobilization：Approaches to improve enzyme performance.［J］. Acs Applied Materials & Interfaces，2014，6（15）：11899.

［20］KIM T G，PARK T G. Surface functionalized electrospun biodegradable nanofibers for immobilization of bioactive molecules［J］. Biotechnology Progress，2010，22（4）：1108-1113.

［21］LI S F，CHEN J P，WU W T. Electrospun polyacrylonitrile nanofibrous membranes for lipase immobilization［J］. Journal of Molecular Catalysis B Enzymatic，2007，47（3）：117-124.

［22］YE P，XU Z K，WU J，et al. Nanofibrous membranes containing reactive groups：Electrospinning from poly（acrylonitrile-co-maleic acid）for lipase immobilization［J］. Macromolecules，2006，39（3）：1041-1045.

［23］WONG D E，SENECAL K J，GODDARD J M. Immobilization of chymotrypsin on hierarchical nylon 6，6 nanofiber improves enzyme performance［J］. Colloids & Surfaces B Biointerfaces，2017，154：270-278.

［24］MATEO C，V GRAZÚ，PESSELA B，et al. Advances in the design of new epoxy supports for enzyme immobilization-stabilization.［J］. Biochemical Society Transactions，2007，35（6）：1593-601.

［25］WANG D，GANG S，BEI X，et al. Controllable biotinylated poly（ethylene-co-glycidyl methacrylate）（PE-co-GMA）nanofibers to bind streptavidin – horseradish peroxidase (HRP) for potential biosensor applications [J]. European Polymer Journal, 2008, 44 (7): 2032–2039.

[26] ELDIN M S M, ELAASSAR M R, ELZATAHRY A A, et al. Covalent immobilization of β - galactosidase onto amino - functionalized PVC microspheres[J]. Journal of Applied Polymer Science, 2012, 125(3): 1724–1735.

[27] ELDIN M, ENSHASY H A, HASSAN M E, et al. Covalent immobilization of penicillin G acylase onto amine - functionalized PVC membranes for 6–APA production from penicillin hydrolysis process. II. Enzyme immobilization and characterization [J]. Journal of Applied Polymer Science, 2012 (125): 3820–3828.

[28] MATEO C, ABIAN O, FERNANDEZ – LAFUENTE R, et al. Increase in conformational stability of enzymes immobilized on epoxy–activated supports by favoring additional multipoint covalent attachment [J]. Enzyme Microb Technol, 2000, 26 (7): 509–515.

[29] MATEO C, ABIAN O, G FERNÁNDEZ - LORENTE, et al. Epoxy sepabeads : A novel epoxy support for stabilization of industrial enzymes via very intense multipoint covalent attachment. [J]. Biotechnology Progress, 2010, 18 (3).

[30] CUI C, TAO Y, GE C, et al. Synergistic effects of amine and protein modified epoxy–support on immobilized lipase activity [J]. Colloids and Surfaces B : Biointerfaces, 2015, 133: 51–57.

[31] YE P, XU Z K, WU J, et al. Nanofibrous poly (acrylonitrile–co–maleic acid) membranes functionalized with gelatin and chitosan for lipase immobilization [J]. Biomaterials, 2006, 27 (22): 4169–4176.

[32] ROUSE J G, DYKE M V . A review of keratin–based biomaterials for biomedical applications [J]. Materials, 2010, 3 (2): 999–1014.

［33］LI C，LEI Z，WANG C，et al. Electrospinning of a PMA-co-PAA/FP biopolymer nanofiber：Enhanced capability for immobilized horseradish peroxidase and its consequence for -nitrophenol disposal［J］. Rsc Advances，2015，5（52）：41994-41998.

［34］凤权. 功能性纳米纤维的制备及固定化酶研究［D］. 江南大学，2012.

第10章 固定化脂肪酶在有机合成中的应用研究

10.1 引言

大多数有机反应需要通过催化剂的催化作用进行。这些有机反应常用的催化剂是贵金属、过渡金属和有机催化剂。2-溴苯乙酮和水杨醛的合成反应是在金属催化剂的催化下进行的[1]。然而，大多数金属催化反应存在反应条件苛刻、难以重复使用、易污染环境、价格高、选择性低等缺点[2-4]。酶作为绿色可持续催化剂具有生物相容性和生物降解性，可以在温和条件下催化有机反应。与传统的合成反应相比，具有高反应速率和选择性的酶促过程更环保、更具成本效益和更可持续。因此，由于对绿色和可持续生产的需求不断增长，酶作为生物催化剂在过去的二十年中得到了广泛的研究和使用[5-9]。

脂肪酶具有高度特异性和高效性，广泛应用于水解、酯化、酯交换等有机合成反应中[10-12]。然而，脂肪酶是水溶性的并且在有机溶剂中稳定性差，这导致酶的成本高、不可重复使用和酶活性损失。这些缺点可以通过固定在固体支持物或膜上来克服[13-15]。目前已使用多种方案来固定脂肪酶，已广泛研究了疏水性支持物上的物理方法和化学结合方法[16-20]。由于支持物和酶之间的稳定共价键，化学结合方法比物理方法更稳定[21]。通过酶蛋白的侧链氨基酸与载体上的反应性官能团（包括腈基、氨基、羧基和环氧基）反应，将酶共价固定在载体上[22-26]。含有反应性环氧基团的载体可以与酶进行多点共价连接，从而降低酶的迁移率并提高其稳定性。然而，这些载体的疏水性和刚性表面会导致酶活性的损失。提高载体的亲水性是提高酶活性的有效途径[27-28]。我们课题组报道了通过静电纺丝方法制备了一种固定脂肪酶的P（GMA-co-MA）-g-PEO/FP复合纳米纤维膜[29]。该膜含有反应性环氧基团和亲水性聚环氧乙烷支链。这种新型复合纳米纤维膜上的固定化脂肪酶具有高酶载量、活性和稳定性。

本研究以新型复合纳米纤维膜上共价固定的脂肪酶作为生物催化剂催化Rap-Stoermer反应，反应机理是通过亲核取代、亲核加成和消除等一系列反应形成—C=C—键。2-溴苯乙酮和水杨醛之间合成产物的化学结构通过核磁共振（NMR）表征，考察了甲醇与水的体积比、固定化脂肪酶用量、反应温度和时间对产物收率的影响。

10.2　实验部分

10.2.1　实验材料与仪器

10.2.1.1　实验材料

甲基丙烯酸缩水甘油酯（GMA）、丙烯酸甲酯（MA）、聚乙二醇甲基丙烯酸酯（PEGEMA）、磷酸氢二钠、磷酸二氢钾、正己烷、无水乙醚、丙酮、无水乙醇、石油醚、硅胶、乙酸乙酯，国药集团化学试剂有限公司（中国上海）。N,N二甲基甲酰胺购自无锡市亚盛化工有限公司。2-溴苯乙酮、水杨醛，阿拉丁化学试剂有限公司。南极念珠菌脂肪酶（CALB），杭州诺沃卡生物技术有限公司。

10.2.1.2　实验仪器

SA2003N型多功能电子天平，常州市衡正电子仪器有限公司。LGJ-12型冷冻干燥机，北京松源华兴科技发展有限公司。DZF-6210型真空干燥箱，上海圣科仪器设备有限公司。IR Prestige-21型傅里叶变换红外光谱仪，日本岛津公司。DTG-60H型微机差热天平，日本岛津公司。

10.2.2 实验方法

10.2.2.1 酶生物催化剂的制备

上一章[29]制备了固定化脂肪酶，P（GMA-co-MA）-g-PEO三元共聚物由PEGEMA、GMA和MA合成，质量比分别为12.5%、12.5%和75%。然后通过静电纺丝方法制备P（GMA-co-MA）-g-PEO/FP复合纳米纤维膜。CALB共价固定在纳米纤维膜上。P（GMA-co-MA）-g-PEO三元共聚物的化学结构如图10-1所示。

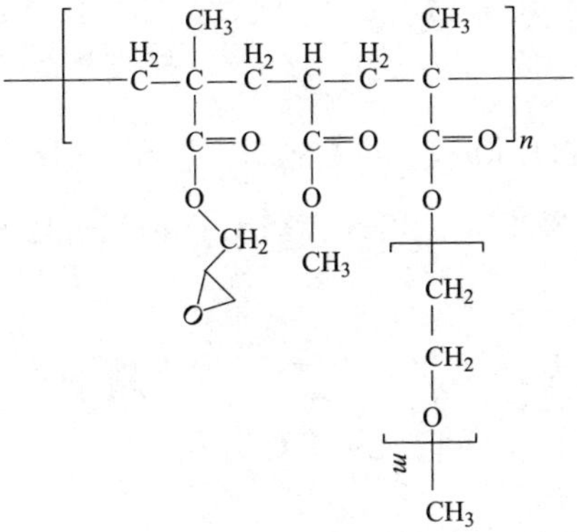

图 10-1　P（GMA-co-MA）-g-PEO 的化学结构

10.2.2.2 2-溴苯乙酮与水杨醛的催化合成反应

以P（GMA-co-MA）-g-PEO纳米纤维膜固定化酶为催化剂，准确称取1.22g水杨醛与1.99g的2-溴苯乙酮置于磨口锥形瓶中，再向瓶内加入50mL甲醇与水的混合溶剂，将其置于一定温度下的恒温磁力搅拌器上进行合成反应，合成路线如图10-2所示，反应后将酶滤去以终止反应。

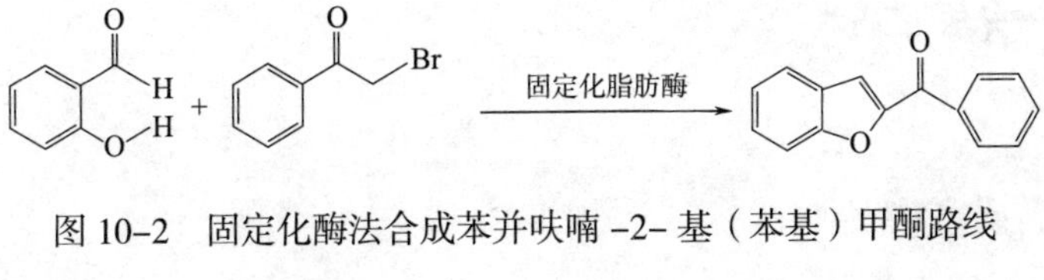

图 10-2　固定化酶法合成苯并呋喃 -2- 基（苯基）甲酮路线

根据下式计算产物产率：

$$W = \frac{m_1}{m_0} \times 100\% \qquad\qquad （10-1）$$

式中：W为产物转化率（%）；m_1为纯化后产物的质量（g）；m_0为单体总质量（g）。

10.2.2.3 合成反应产物收率的影响

控制反应温度为35℃，甲醇与水混合溶剂比为4：1，反应时间为10h，讨论固定化酶量为0、10mg、20mg、30mg、40mg、50mg对产物转化率的影响。

控制反应温度为35℃，固定化酶量为50mg，反应时间为10h，讨论甲醇与水混合溶剂比为5：0、4：1、3：2、2：3、1：4、0：5对产物转化率的影响。

控制固定化酶量为50mg，甲醇与水混合溶剂比为4：1，反应时间为10h，讨论反应温度为20℃、30℃、35℃、40℃、45℃、50℃对产物转化率的影响。

控制反应温度为35℃，甲醇与水混合溶剂比为4：1，固定化酶量为50mg，讨论反应时间为2h、4h、6h、8h、10h对产物转化率的影响。

10.2.3 测试方法

反应产物的化学结构通过核磁共振（NMR）表征。以$CDCl_3$为溶剂对产物在Bruker Avance光谱仪（400MHz）上进行核磁共振测试，得出产物的C谱与H谱图，进一步分析产物的组成。

10.3 结果与讨论

10.3.1 合成产物表征

脂肪酶催化的Rap-Stoermer反应的具体反应过程如图10-3所示。

在最优催化条件下，用固定化酶催化水杨醛和2-溴苯乙酮的有机反应。其产物经分离与纯化后，通过C-NMR、H-NMR表征证明了固定

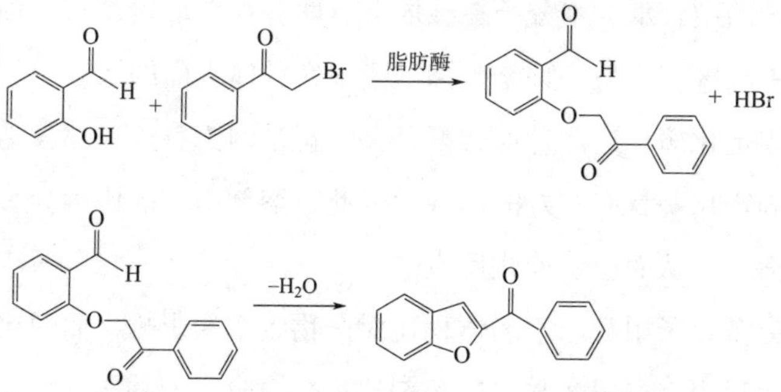

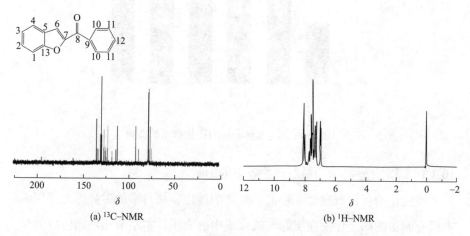

图 10-3 Rap-Stoermer 反应的具体反应过程

化酶催化有机反应可行。图10-4（a）为有机合成产物核磁共振碳谱图（^{13}C-NMR）：159.63，134.02，132.25，130.81，129.31，127.47，125.68，124.23，123.10，122.73，121.29，117.28，112.89，110.70；图10-4（b）为有机合成产物核磁共振氢谱图（^{1}H-NMR）：8.13（^{1}H，C_6H_4），8.06（^{1}H，C_6H_4），7.67~7.72（^{2}H，C_6H_4），7.55~7.57（^{2}H，C_6H_4CO），7.51（^{1}H，C_4HO），6.99~7.26（^{2}H，C_6H_4CO），6.89（^{1}H，C_6H_4CO）ppm。C-NMR和H-NMR结果表明合成产物为目标产物。

(a) ^{13}C-NMR (b) ^{1}H-NMR

图 10-4 有机合成产物的 C-NMR 和 H-NMR 谱图

10.3.2 甲醇与水的体积比对产物收率的影响

维持蛋白质构象的非共价作用力都与水有关，酶的结构和功能往往都

179

依赖酶分子的结合水。水分子在载体上有两种存在形式，第一种是存在于载体孔的中间区域，另一种是被强烈吸附在载体表面的水分子。对于本研究制备的固定化酶，这两种形式都存在，正是因为有这一部分结合水的存在才使得固定化酶具有较好的活性。因此，溶剂中水的比例会影响固定化脂肪酶的活性，从而影响催化反应。

本研究考察了甲醇与水的体积比对产物收率的影响，如图10-5所示。由图中可以得出，当甲醇与水的溶剂比为4∶1时，产物转化率最高，当水比例继续增加时，其产物转化率明显下降。在该反应体系中水可以发挥一定的润滑作用，维持酶的活性；当水含量过高时，酶结构的柔性过大，对酶的活性中心结构会有很大的影响，从而降低酶的催化活性。

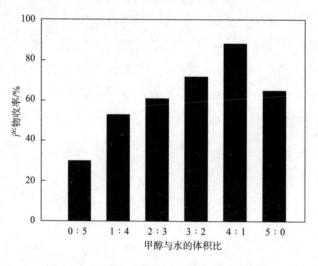

图 10-5　甲醇与水体积比对产物收率的影响

10.3.3　固定化脂肪酶用量对产物收率的影响

固定化酶催化有机合成除去了游离酶催化容易自聚的劣势。为了探索本研究制备的固定化酶在实际有机合成中的应用，本小节用不同份数的酶来催化水杨醛与2-溴苯乙酮的底物。图10-6所示为固定化脂肪酶用量对产物收率的影响。由图中可以得出，该有机合成必须要在酶的催化条件下才能进行，当固定化脂肪酶的质量超过40mg时，催化剂的含量基本趋于饱和，对产物的转化率影响不大。因此，该固定化脂肪酶催化有机反应的最优酶量在40～50mg。

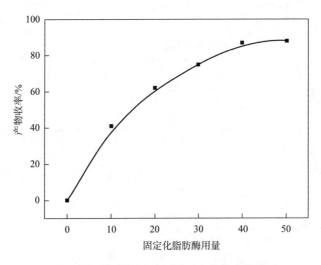

图10-6　固定化脂肪酶用量对产物收率的影响

10.3.4　反应温度和时间对产物收率的影响

对于脂肪酶CALB催化有机反应，其相比较其他催化剂的特点是反应条件温和，本小节探索了反应温度对产物收率的影响。图10-7所示为反应温度对产物收率的影响。由图中可以得出，反应温度对酶催化有机合成反应影响较大。当反应温度为25℃时，其产物收率急剧增加；当温度位于30～35℃，有机合成反应的收率达到极值；继续增加温度，转化率反而下降，这是由于温度的提高，使得催化过程中酶活性被损耗。因此，该固定化酶催化有机反应的最优温度为30～35℃。

图10-8所示为反应时间与产物收率的关系。由图中可以得出，随着反应时间的增加，酶催化有机合成反应的产物收率呈线性增加，也在一定程度上反映了酶催化底物较为平和。在实验条件下，该固定化酶催化反应10h后，其产物收率基本保持不变。从能源损耗以及避免时间长带来的副反应，该固定化酶催化有机反应的最佳时间为10h。

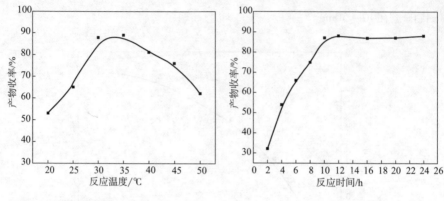

图 10-7　反应温度对产物收率的影响　　图 10-8　反应时间对产物收率的影响

10.4　结论

（1）P（GMA-co-MA）-g-PEO/FP固定脂肪酶是2-溴苯乙酮和水杨醛有机合成反应的有效催化剂，^{13}C-NMR和^{1}H-NMR结果表明固定化酶催化水杨醛和2-溴苯乙酮的有机反应的合成产物为目标产物。

（2）当固定化酶的质量为40mg时，催化剂的含量基本趋于饱和；当反应温度为30～35℃时，该固定化酶可以保持较高的活性，从而催化有机合成反应的进行；该固定化酶催化有机反应的最佳时间为10h，此时可得到转化率为88%的产物。

参考文献

［1］MALLAMPATI R，VALIYAVEETTIL S. Eggshell membrane-supported recyclable catalytic noble metal nanoparticles for organic reactions ［J］. Acs Sustainable Chemistry & Engineering，2014，2（4）：855-859.

［2］XU Y，CHEN L，WANG X，et al. Recent advances in noble metal based composite nanocatalysts：Colloidal synthesis，properties，and catalytic applications［J］. Nanoscale，2015，7（24）：10559–10583.

［3］HUANG X，ZHAO Z，CAO L，et al. High–performance transition metal‐doped Pt_3Ni octahedra for oxygen reduction reaction［J］. Science，2015（348）：1230–1234.

［4］DRAUZ K，GRÖGER H，MAY O. Enzyme Catalysis in Organic Synthesis：A Comprehensive Handbook［M］. Wiley–VCH Verlag Gmbh & Co. KGaA.，John Wiley & Sons，New Jersey，2012.

［5］ANDERSON E M，LARSSON K M，KIRK O . One biocatalyst‐many applications：The use of candida antarctica B–lipase in organic synthesis［J］. Biocatalysis，1998，16（3）：181–204.

［6］TAO J A，KAZLAUSKAS R . Biocatalysis for Green Chemistry and Chemical Process Development［M］. 2011.

［7］WOHLGEMUTH R. Biocatalysis：Key to sustainable industrial chemistry［J］. Current Opinion in Biotechnology，2010，21（6）：713–724.

［8］CHOI J M，HAN S S，KIM H S . Industrial applications of enzyme biocatalysis：Current status and future aspects［J］. Biotechnology Advances，2015，33（7）：1443–1454.

［9］SHELDON R A，PELT S V. Enzyme immobilisation in biocatalysis：Why，what and how［J］. Chemical Society Reviews，2013，42（15）：6223–6235.

［10］PAPAMICHAEL E M，STERGIOU P Y，FOUKIS A，et al. Effective Kinetic Methods and Tools in Investigating the Mechanism of Action of Specific Hydrolases［M］. Croatia：INTECH open science，2012.

［11］KRISHNA S H，KARANTH N G . Lipases and lipase–catalyzed esterification reactions in nonaqueous mediA［J］. Catalysis Reviews，2002，44（4）：499–591.

[12] STERGIOU P Y, FOUKIS A, FILIPPOU M, et al. Advances in lipase-catalyzed esterification reactions [J]. Biotechnology Advances, 2013 (31): 1846–1859.

[13] HUSAIN Q. Nanomaterials as novel supports for the immobilization of amylolytic enzymes and their applications : A review [J]. Biocatalysis, 2017(3): 37–53.

[14] LI P, MODICA J A, HOWARTH A J, et al. Toward design rules for enzyme immobilization in hierarchical mesoporous metal–organic frameworks [J]. Chem, 2016 (1): 154–169.

[15] CHAO D, SUN H, REN J, et al. Immobilization of enzyme on chiral polyelectrolyte surface [J]. Analytica Chimica Acta, 2017, 952: 88–95.

[16] JESIONOWSKI T, ZDARTA J, KRAJEWSKA B. Enzyme immobilization by adsorption : A review [J]. Adsorption, 2014 (20): 801–821.

[17] HIRSH S L, BILEK M, NOSWORTHY N J, et al. A comparison of covalent immobilization and physical adsorption of a cellulase enzyme mixture [J]. Langmuir the Acs Journal of Surfaces & Colloids, 2010, 26 (17): 14380–14388.

[18] DATTA S, CHRISTENA L R, RAJARAM Y R S. Enzyme immobilization : An overview on techniques and support materials [J]. Biotech, 2013(3): 1–9.

[19] GARCIA–GALAN C, BERENGUER–MURCIA Á, FERNANDEZ–LAFUENTE R, et al. Potential of different enzyme immobilization strategies to improve enzyme performance [J]. Advanced Synthesis & Catalysis, 2011(353): 2885–2904.

[20] WU J, HUTCHINGS C H, LINDSAY M J, et al. Enhanced enzyme stability through site–directed covalent immobilization [J]. Journal of

Biotechnology, 2015, 193: 83-90.

[21] SARDAR R M . Enzyme immobilization : An overview on nanoparticles as immobilization matrix [J]. Analytical Biochemistry, 2015, 4 (2): 1-8.

[22] MATEO C, V GRAZÚ, PESSELA B, et al. Advances in the design of new epoxy supports for enzyme immobilization-stabilization. [J]. Biochemical Society Transactions, 2007, 35 (6): 1593-601.

[23] WANG D, GANG S, BEI X, et al. Controllable biotinylated poly (ethylene-co-glycidyl methacrylate)(PE-co-GMA) nanofibers to bind streptavidin - horseradish peroxidase (HRP) for potential biosensor applications [J]. European Polymer Journal, 2008, 44 (7): 2032-2039.

[24] ELDIN M S M, ELAASSAR M R, ELZATAHRY A A, et al. Covalent immobilization of β - galactosidase onto amino - functionalized PVC microspheres[J]. Journal of Applied Polymer Science, 2012, 125(3): 1724-1735.

[25] ELDIN M, ENSHASY H A, HASSAN M E, et al. Covalent immobilization of penicillin G acylase onto amine-functionalized PVC membranes for 6-APA production from penicillin hydrolysis process. II. Enzyme immobilization and characterization [J]. Journal of Applied Polymer Science, 2012, 125 (5): 3820-3828.

[26] LI S F, CHEN J P, WU W T . Electrospun polyacrylonitrile nanofibrous membranes for lipase immobilization [J]. Journal of Molecular Catalysis B Enzymatic, 2007, 47 (3): 117-124.

[27] MATEO C, ABIAN O, FERNANDEZ-LAFUENTE R, et al. Increase in conformational stability of enzymes immobilized on epoxy-activated supports by favoring additional multipoint covalent attachment [J]. Enzyme Microb Technol, 2000, 26 (7): 509-515.

[28] MATEO C, ABIAN O, G FERNÁNDEZ - LORENTE, et al. Epoxy sepabeads : A novel epoxy support for stabilization of industrial enzymes via very intense multipoint covalent attachment. [J]. Biotechnology Progress, 2010, 18 (3): 629-634.

[29] LIU X, FANG Y, YANG X, et al. Electrospun nanofibrous membranes containing epoxy groups and hydrophilic polyethylene oxide chain for highly active and stable covalent immobilization of lipase [J]. Chemical Engineering Journal, 2018, 336: 456-464.

第 11 章 结论与展望

11.1 主要结论

与传统生长周期长的鸭子相比，肉鸭羽毛绒原料在含脂率、纤维强度、绒朵发育与成分比例等指标上存有较大差异。除少部分作为保暖填充材料外，绝大部分被废弃，这不仅污染了环境，而且还浪费了大量的动物蛋白资源。为了实现肉鸭羽毛绒高值高效利用，在对比研究肉鸭羽毛绒结构、性能的基础之上，基于纺织品后整理和蛋白质化学的原理，通过设计、优化肉鸭羽绒加工功能配方，开发适合不同羽绒表面结构调控工艺，得到一批高值化肉鸭羽毛绒功能产品；基于废弃羽毛溶解的羽毛多肽，利用静电纺丝技术制备P（MA-co-AA）/羽毛多肽、P（GMA-co-MA）/羽毛多肽复合纳米纤维膜，并以此复合纳米纤维膜为载体分别实现了辣根过氧化物酶和脂肪酶的固定化，初步实现了生物制造。主要结论如下：

11.1.1 鸭毛绒的结构与性能

利用傅里叶变换红外光谱仪、能谱仪、X射线衍射仪、扫描电子显微镜、热重分析仪及平板式保暖仪对老鸭和肉鸭羽毛的结构和性能进行表征。研究分析老鸭和肉鸭羽毛在基团结构、元素含量、结晶度大小、表面形貌、热稳定性和保暖性之间的区别。结果表明，老鸭和肉鸭羽毛都主要由C、N、O、S四种元素组成；老鸭羽毛中含有明显的巯基特征峰；老鸭羽毛羽枝轴和羽小枝的直径和长度均大于肉鸭羽毛，老鸭羽枝轴表面凹凸不平，存在深浅不一的凸起和内陷结构，表面沟槽径向较为明显，沟纹呈无规律排列。肉鸭羽枝轴表面比较光滑，没有明显的径向沟槽和沟纹。老鸭和肉鸭羽毛羽小枝的表面凹凸不平，较为粗糙；老鸭羽毛的结晶度大于肉鸭羽毛。老鸭羽毛的热稳定性高于肉鸭羽毛，老鸭羽毛的保暖性好于肉鸭羽毛。

为实现肉鸭鸭绒的高值化利用，以老鸭鸭绒为对照物，借助红外光谱仪、元素分析仪、X射线衍射仪、扫描电子显微镜、热重分析仪、平板式保暖仪对比研究了肉鸭鸭绒的化学结构、微观形貌、热稳定性和保暖性能。结果表明，肉鸭和老鸭鸭绒也主要由C、N、O、S四种元素组成；老鸭鸭绒中含有明显的巯基特征峰，其结晶度高于肉鸭鸭绒；肉鸭鸭绒绒枝的数量、直径和长度小于老鸭鸭绒；且其绒小枝的直径、长度、三角形节点大小数量以及节点之间的间距、叉状节点的大小数量以及节点之间的间距均小于老鸭鸭绒；肉鸭鸭绒的热稳定性、保暖性较老鸭鸭绒差。

11.1.2　高值化鸭羽毛接枝共聚物的研究

首先，利用巯基乙酸将羽毛中的二硫键还原成巯基（—SH），使巯基与溶液中的过硫酸钾（KPS）构成氧化—还原引发体系，实现油溶性单体甲基丙烯酸缩水甘油酯（GMA）在羽毛表面的引发接枝聚合，制得含环氧基的羽毛接枝共聚物（feather-g-PGMA）。重点研究了单体浓度、引发剂浓度和反应温度对羽毛表面接枝聚合的影响。采用了红外光谱、扫描电镜、X射线衍射及热重分析对改性前后的羽毛进行表征。研究结果表明：—SH/KPS可顺利引发GMA在水介质中的接枝聚合。最佳接枝聚合工艺条件为：单体浓度为0.55mol/L，引发剂浓度为2.6mmol/L，温度为40℃。所制备的羽毛接枝共聚物的接枝率最高可达185.8%。与羽毛相比，feather-g-PGMA的热稳定性降低。

其次，以含环氧基的羽毛接枝共聚物（feather-g-PGMA）为原料、植酸（PA）为改性剂，利用环氧基的开环反应，将PA中的磷酸根基团引入到feather-g-PGMA表面，制得含有高密度磷酸根的羽毛吸附材料。采用红外光谱、热失重分析和X衍射图谱对改性前后的羽毛进行表征。重点研究了羽毛吸附材料的制备过程及其吸附量的主要影响因素。结果表明，PA成功改性了feather-g-PGMA。当PA用量为25%、温度为70℃、反应时间为4h时，改性条件最佳。制备的羽毛吸附材料与Pb^{2+}之间可产生配位作用，对Pb^{2+}有强吸附力，吸附容量可达54.4mg/g。与羽毛相比，其热稳定性下降；与feather-g-PGMA相比，其热稳定性增强。

再次，以羽毛为原料以丙烯酸丁酯（BA）为单体，采用电子转移活化再生催化剂原子转移自由基聚合（ARGET ATRP）法，使BA在羽毛表面自增长，制备了聚丙烯酸丁酯刷的羽接枝共聚物。通过红外光谱对改性后羽毛的结构进行表征。探讨了接枝工艺中单体浓度、催化剂浓度、配体与催化剂物质的量配合比、还原剂与催化剂物质的量配合比、反应时间和反应温度对羽毛表面改性接枝率的影响。结果表明，BA接枝改性羽毛的最佳条件为：BA浓度为3mol/L，催化剂浓度为1.8mmol/L，配体与催化剂物质的量配合比为5∶1，还原剂与催化剂摩尔物质的量比为1∶1，反应时间为8h，反应温度为60℃，制得的聚丙烯酸丁酯刷的羽毛接枝共聚物的接枝率达到32%。

从次以表面含溴的羽毛为大分子引发剂（feather-Br），以溴化铜（$CuBr_2$）为催化剂、五甲基二乙烯基三胺（PMDETA）为配体、抗坏血酸（Vc）为还原剂，由ARGET ATRP法制备得到含聚丙烯酸叔丁酯的羽毛接枝共聚物（feather-g-PtBA）。采用能谱仪对大分子引发剂中的元素含量进行测定，并利用红外光谱、X射线衍射、扫描电子显微镜、热失重分析对接枝共聚物的结构和性能进行表征。结果表明，采用ARGET ATRP聚合法成功制备了feather-g-tBA聚合物，接枝率可达362%，接枝后羽毛表面有层状聚合物覆盖在其表面，其热稳定性与羽毛相比降低。

最后，采用ARGET ATRP法，以羽毛表面的溴为引发位点，引发甲基丙烯酸二甲氨基乙酯（DMAEMA）在羽毛表面自增长，制备含聚甲基丙烯酸二甲氨基乙酯刷的羽毛接枝共聚物（feather-g-PDMAEMA）。再以溴乙烷为改性试剂对其进行季铵化处理，制备具有抗菌性能的羽毛接枝共聚物。改性后羽毛的元素含量、能团、热稳定性、结晶结构、表面形貌分别通过能谱仪、红外光谱仪、热重分析仪、X射线衍射仪、扫描电子显微镜进行表征。结果表明，DMAEMA成功地接枝到羽毛的表面，所得羽毛接枝共聚物的接枝率最高可达84.7%；接枝聚合后的羽毛的结晶度低；接枝聚合后的羽毛热稳定性有所降低；季铵化处理后的feather-g-PDMAEMA具有良好的抗菌效果。

11.1.3 基于羽毛多肽复合纳米纤维膜固定化酶的研究

通过溶液聚合法制备了亲水性良好的丙烯酸甲酯-丙烯酸共聚物P（MA-co-AA）。利用静电纺丝技术成功制备了P（MA-co-AA）/FP复合纳米纤维膜。探究了羽毛多肽的含量对复合纳米纤维膜的形貌的影响。以P（MA-co-AA）/FP复合纳米纤维膜作为酶固定化的载体，先用戊二醛与P（MA-co-AA）/FP纳米纤维膜上的氨基反应，再用EDC/NHS活化纤维表面的羧基，进一步与辣根过氧化物酶分子中氨基进行偶联，实现酶的固定化。研究辣根过氧化物酶固定化的影响因素和固定化酶的稳定性。具体研究结果如下。

（1）最佳聚合条件：引发剂占单体总质量比为0.7%，反应时间为8h，反应温度为65℃。在最佳的共聚条件下，聚合的转化率可达78%。

（2）在纺丝液中保持P（MA-co-AA）质量分数不变的情况下，随着羽毛多肽含量的增加，纤维的直径逐渐减小。当羽毛多肽含量增加到25%时，溶液黏度过大而无法纺丝。红外光谱表明，P（MA-co-AA）与羽毛多肽之间能够形成氢键，表明两组分具有良好的相容性。

（3）当羽毛多肽最佳含量为20%，戊二醛最佳浓度为4%，HRP浓度在0.4mg/mL时，载酶量达到平衡；当酶液pH为7.0时，固定化酶具有最大相对活性；在最佳固定化酶条件下，固定化载酶量为156mg/g，比P（MA-co-AA）纳米纤维膜具有更高的载酶量，P（MA-co-AA）/FP-HRP的活性保留值为63%，相对于P（MA-co-AA）-HRP，其活性保留值提高了35%。

（4）最适反应温度为35℃，最适pH为7.5。

（5）HRP经过固定化后，酶的热稳定性、储存稳定和重复使用性有明显的改善；在60℃下处理120min，其活性保持在初始活性的68%，4℃条件下储存35天能保留82%的活性，固定化酶重复使用5次，活性为初始活性的73%；与P（MA-co-AA）-HRP相比，P（MA-co-AA）/FP-HRP的稳定性得到提高。P（MA-co-AA）/FP-HRP与底物有更好的亲和力，表明羽毛多肽的加入，提高了载体的生物相容性，改善了酶催化的微环境，从而提高了固定酶的催化性能和稳定性。

在上述P（MA-co-AA）/FP复合纳米纤维固定辣根过氧化物酶研究基础之上，为了提高酶载体的活性和载酶量，设计并合成含环氧基的共聚物，并以静电纺丝方法制备了用于固定脂肪酶的P（GMA-co-MA）/FP复合纳米纤维膜；探究了固定化工艺的最适条件以及酶催化的最适条件和酶的稳定性，还初步探索了固定化脂肪酶在有机合成中的应用。具体研究结果如下。

（1）最佳聚合条件：单体浓度为33%，引发剂浓度为0.6%，反应时间为8h，反应温度为65℃。在最佳的反应条件下，其转化率可达73%。共聚物的重均分子量M_w为220530，数均分子量M_n为146230。

（2）当羽毛多肽含量为3.0%时，纳米纤维膜酶载体纤维形态较好，纤维直径约为631nm。所制备的P（GMA-co-MA）/FP复合纳米纤维膜酶载体含有可以与酶发生反应的功能性基团（环氧基），与此同时羽毛多肽的引入，增加了生物相容性能且使力学性能提高，因此，P（GMA-co-MA）/FP复合纳米纤维膜是一种优良的固定化酶载体。

（3）当固定化温度为35℃，固定化酶具有较好的载酶量与活性；在最佳固定化酶条件下，固定化载酶量为89mg/g。

（4）通过酶的固定化，脂肪酶的热稳定性、重复使用性有明显的改善；在70℃下处理3h，其活性保持79%，而游离酶仅为15%，固定化酶重复使用7次，残留活性为62%。同时，固定化酶具有较好的耐有机溶剂性，在有机溶剂中存储12h后，仍然具有75%的相对活力。

（5）将含环氧基、羽毛多肽的复合纳米纤维膜固定化脂肪酶应用到有机反应中，该固定化酶可以保持较高的催化活性，其产物转化率可达88%。

11.2　展望

羽毛绒是一种天然角蛋白纤维，具有价格低廉、无毒无害、可降解的特点，同时其表面含有大量的活性基团，具有较大的利用价值。围绕羽毛绒表面结构调控和基于废弃的羽毛溶解成角蛋白两条增值技术路线，国内外相关研究人员进行了大量的研究工作，取得了一系列研究成果。但在水洗羽毛绒智能化生产及羽毛角蛋白功能化利用方面仍显不足，有待进一步研究。

（1）针对水洗羽毛绒工艺流程长，设备自动化水平低，缺乏必要的检测方法和装备生产效率低下的现状，利用工业控制技术，研制羽绒粉尘检测装置。参照相关粉尘检测方法和标准，建立羽绒粉尘检测方法。按系统的方法，验证试验装置、试验方法的科学性，提出判断粉尘含量判定参数。

根据不同鸭毛绒表面调控的要求，开发不同鸭绒产地、不同饲养时间鸭绒表面结构调控工艺，探讨主要工艺参数对产品的微观形态和性能的影响规律，建立数字化表面结构调控工艺数据库。构建表面结构调控工艺在线检测控制系统，实现表面结构调控工艺的数字化控制，实现智能制造。

（2）采用仿生技术，研发经济、高效、清洁、结构完整的大分子角蛋白提取方法，恢复天然角蛋白材料的原纤—基体结构，同时提升结晶度和二硫交联键的恢复程度，开发性能优异的再生纤维、生物塑料薄膜、多孔材料和组织工程支架等再生材料。

（3）为充分发挥鸭毛绒的特点，更好满足未来市场的需要，建议开发以下生物基功能产品：

①开发鸭毛绒生物碳，发展储能材料、光热转换材料、环境修复材料；

②开发鸭毛绒角蛋白基水凝胶纤维，发展可穿戴电子纺织品；

③利用鸭毛绒独特结构，结合生物制造技术、非织造技术，开发鸭毛绒增强技术，发展新型多功能气凝胶产品。